ムササビの里親ひきうけます

藤丸京子著

野生動物・傷病鳥獣の
保護ボランティア

地人書館

ムササビの里親ひきうけます　目次

第3章　私はムササビのお母さん　67

第4章　自然と人間を結ぶ動物たち　133

本文写真・(自)　神奈川県立自然保護センター提供
(め)　めぐみ先生提供

第１章

傷病鳥獣ってなに？

カワラヒワのヒナ

■――里親ボランティア募集

主婦の朝はいつでも忙しい。その日も夫と三人の子どもたちを送り出し、洗濯物を干しあげ、ようやくホッと一息ついたのは、すでに九時近くになっていた。ミルクティーを片手に新聞を広げると、一つの記事が目にとまった。

「傷ついた野鳥育てて ―里親ボランティア募集―」

神奈川県厚木市にある自然保護センター（現「神奈川県自然環境保全センター」内）で、巣から落ちて弱ったヒナなどを育てるボランティアを募集しているというのだ。子どもにも手がかからなくなったし、仕事も毎日ではない。空いた時間は何かボランティアでもしたいなと思っていた矢先の記事であった。家族みんな、生き物を育てるのが大好きなわが家である。特に鳥は好きなので、早速資料を取り寄せてみた。

巣から落ちた野鳥のヒナ、病気やケガや迷子などで保護された野生動物を「傷病鳥獣」と言う。そのヒナや幼獣を自宅で預かり、放野できるようになるまで面倒を見る「短期里親」、もう放野できない傷病鳥獣を引き取り一生世話をする「長期里親」、そしてセンターで掃除やエサやりなどの手伝いをする「一般ボランティア」の三種類があり、一人でいくつでも登録できるのだそうだ。前の年から始まった制度で、私たちは二期生ということになるらしい。

四月の末に講習会があり、それに出席することが登録の第一条件となっている。そのうえで何度かセンターに行って自主的に研修を受ける必要があるそうだ。厚木市はちょっと遠いが、とにかく講習を受けてみよう。

家族に話すと、夫と長女も一緒に行きたいと言い出し、結局、三人で参加することになった。

■——禿げたハクビシン

当日、会場に着いてみると一番乗りであった。さっそく一番前の席に陣取る。そのうちぞくぞくと応募者がやってきて、あっという間に教室はいっぱいになってしまった。私たちのような家族連れも多い。この日の参加者は三八人だったそうだ。

講習はまず、ボランティア活動の概略やら法律の話で始まった。正直なところ、これらの話はあまりおもしろいものではない。あちらも心得ているとみえて、すぐにスライドに移る。一番前に座ったから細かいところまでよく見える。釣り針を飲み込んだ鳥のレントゲン写真、首にボウガンの矢が刺さったシカ、そして彼らが治療され、リハビリを終えて野生に帰っていく瞬間などなど。思わずハッと息をのむような写真も多い。

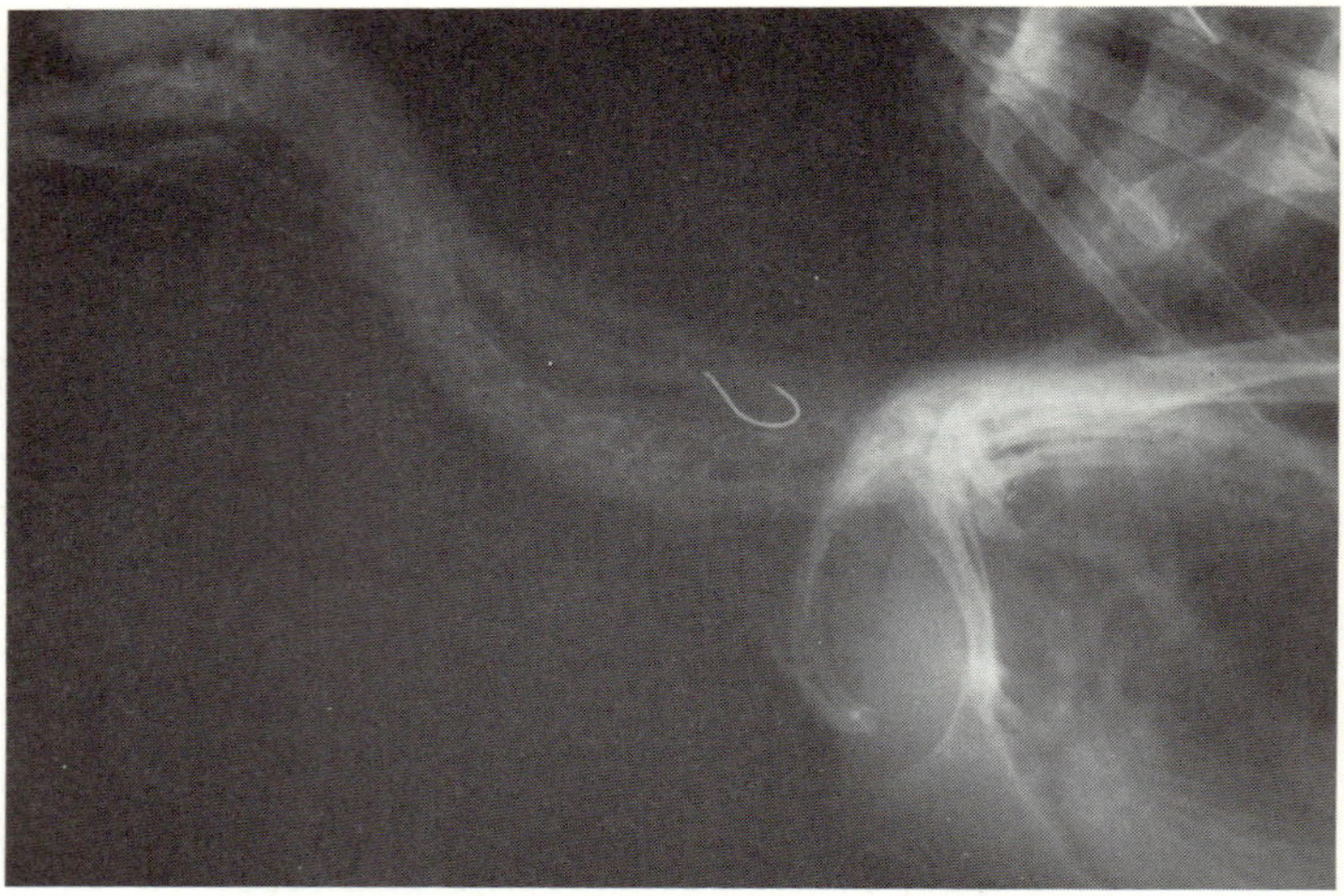

釣り針を飲み込んだセグロカモメのレントゲン写真（自）

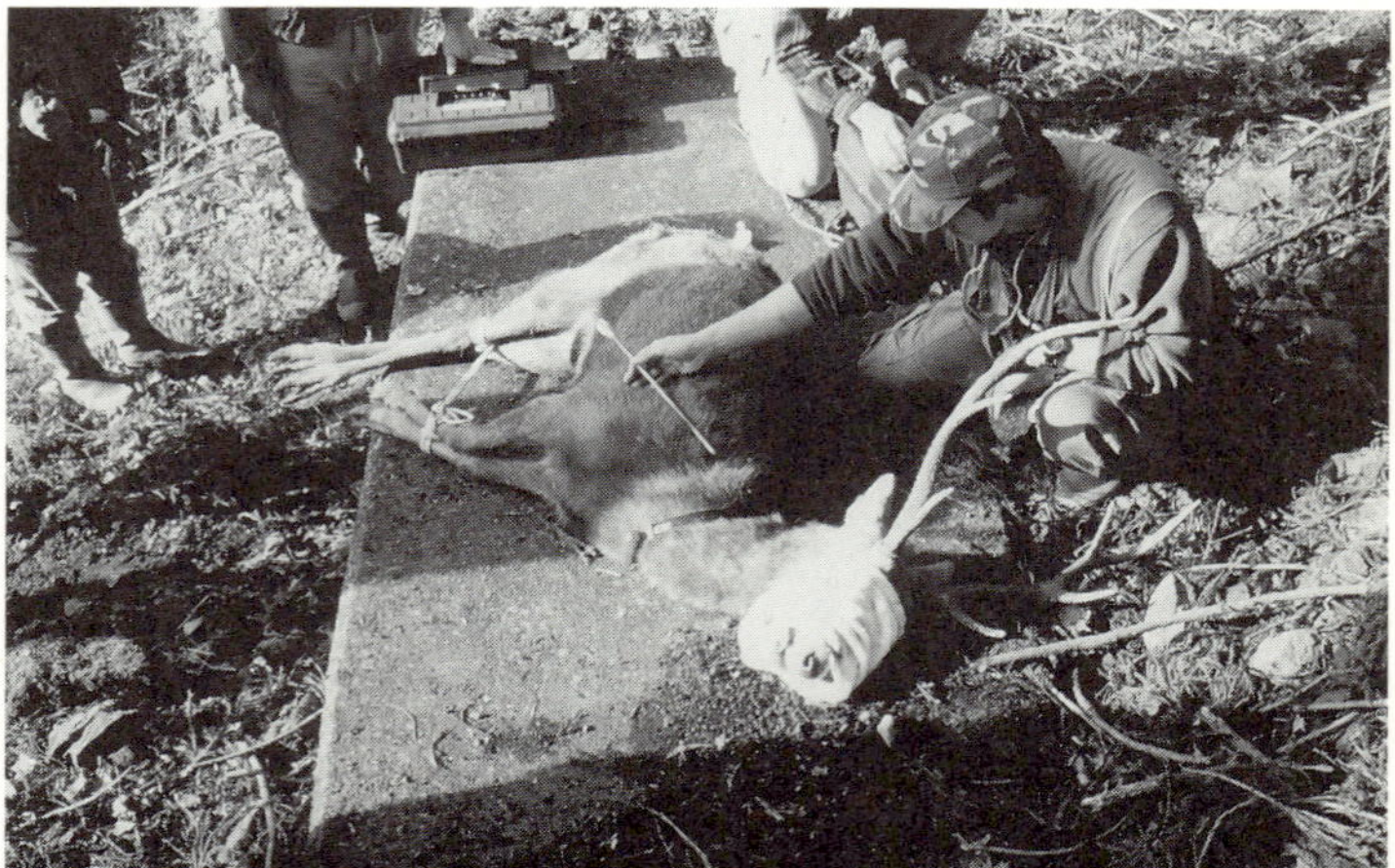

首にボウガンの矢が刺さったシカを救助する．（自）

カイセン症（＊）で頭から顔にかけてツルリと禿げてしまったハクビシンの写真を見たときは、思わず笑ってしまい、そして、そんな不謹慎な自分に腹がたって唇をかみしめた。じっと見ていると、ハクビシンの叫びが聞こえてくるようだ。

「オマエは皮膚病の人を見て笑うのか？　笑わないだろう？　それと同じだよ。オレだって好きで禿げてるんじゃない。病気なんだ。オレの美しかった毛皮を返してくれ！」

さて、その後は去年同じような講習を受け、一年間ボランティアをやってきた先輩たちの体験談だ。

「お風呂場でカルガモを飼っていたので、人間が入るたびに掃除をするのが大変でした」

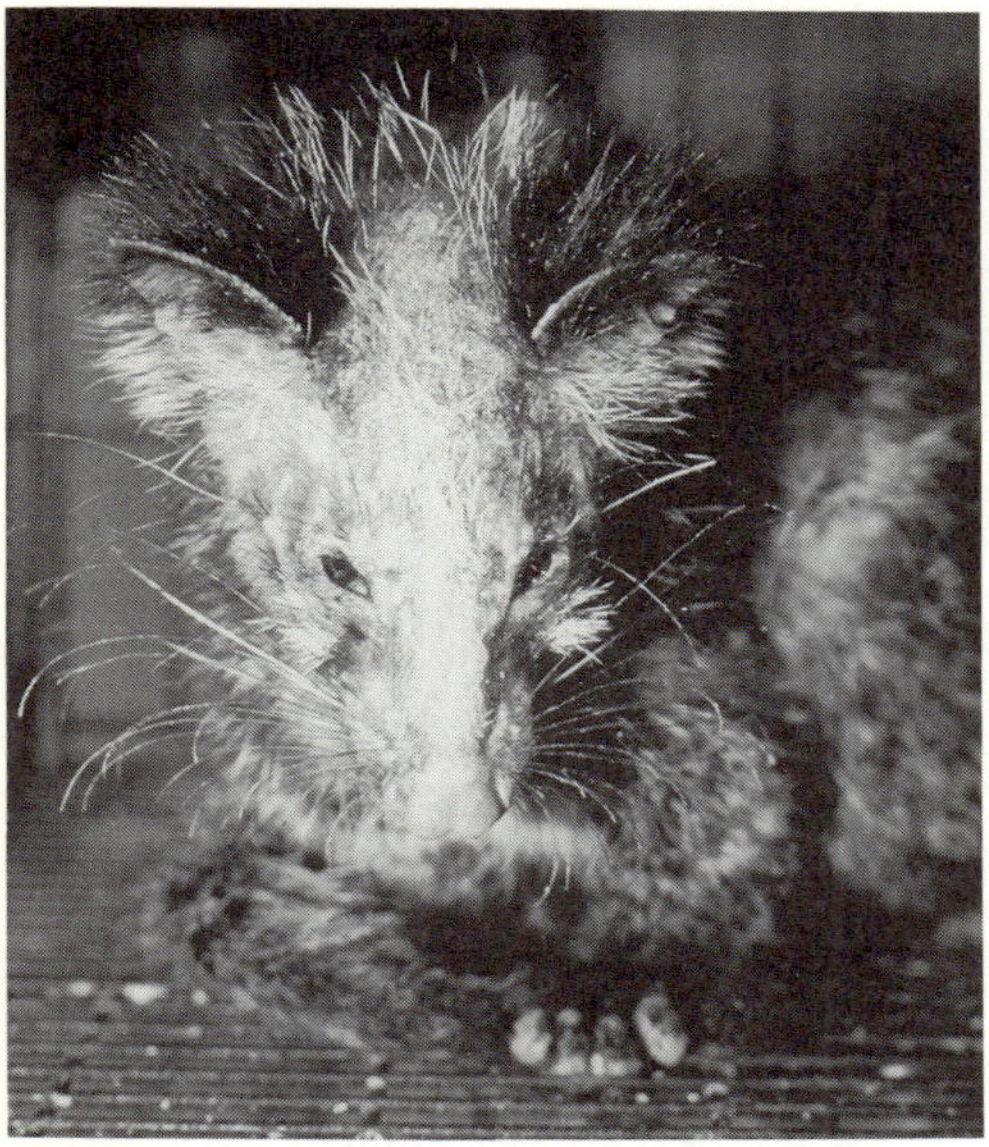

カイセン症で頭も顔も禿げ上がってしまったハクビシン（自）

＊カイセン症
　肉眼では見えない小さなダニの仲間が動物の皮膚に穴を開け、寄生して起きる。激しいかゆみによるストレスや、体をこすりつけることによる皮膚炎などがもとになり、重症の場合は死亡することもある。

「家の中でツバメの飛行訓練をするときは、部屋中に新聞紙を敷き詰めておかないと、フンだらけになります」

「生きた虫を食べさせたくて、虫取りに行くのですが、いい年をした私が網を持ってチョウチョを追いかけるのが恥ずかしくて、必ず子どもを連れていきました」

皆さんの親バカぶりがほほ笑ましい。私も早くその仲間入りをしたいと思う。

でも、胸の痛む話もあった。せっかく手塩にかけて育てたムクドリのヒナを放したとたんカラスにやられてしまったというのだ。〝お母さん〟の気持ちは、察するにあまりある。わが家の回りにも凶暴なカラスやノラネコがうじゃうじゃいる。鳥を放すときは十分気をつけなければ……。こんなこと、先輩のお話を聞かなければ気付くはずがない。やはり経験者の話というのは、何より参考になる。

しかし、考えてみると、私たちはすぐカラスやノラネコを悪者にしてしまうが、それは人間の都合だろう。彼らにしてみれば、精いっぱい生きているだけなのである。

■――さし餌は難しい

ここで昼休み。お弁当を食べ終えて、建物の裏手へ行ってみる。

と、そこにケージ（鳥かご）が数個並んでいる。初めて実際にお目にかかる「傷病鳥獣」である。

回復を待つツミ（自）

一見してすぐに足が悪いと分かるキジバト、それからどこが悪いのか分からない小型のタカのような鳥とフクロウの仲間。でもみんな思ったよりは元気である。考えていたほど醜くも哀れでもない。小型のタカのような鳥などは毅然と胸を張っていて、誇りが感じられる。この子はハヤブサかな、チョウゲンボウかな。このフクロウの仲間は何だろう……。知識の乏しい私にはさっぱり分からない。

さらに奥にはシカが二頭、そしてキジバトやドバト、カラスなどの入った大きなケージがある。一回りしてから建物の奥の方に行くと、そこに鳥の剥製が並んでいて、名前も書いてある。さっきの毅然とした鳥と同じ剥製もあるある。さて、名前は……？……は？「ツミ」？そんな名前聞いたこともないよ。罪な名前だねぇ……と言おうとしてやめた。娘にジロッとにらまれ、あ〜ぁとため息をつかれるのがオチだ。

午後の研修が始まった。三つのグループに分かれ、さし餌のやり方、羽根図鑑の説明、外の施設の見学、鳥の持ち方（保定）と回っていく。

私のグループはまず、さし餌のやり方の説明である。練習台として連れてこられたのは、スズメのヒナと、弱っていて自分でエサを食べることができない親ツバメだ。

鳥の舌には気管の穴があるのだという。見ると確かにあいている。今まで、文鳥やインコのヒナを何羽も育てていながら、舌に穴があいていることなんて全く気付かなかった。この穴にエサを押し込んではいけないという。そりゃそうだろう。想像しただけでも苦しそうだ。そして、思い切ってのどの奥の方まで突っ込んでやるのだ。

エサはドッグフードと九官鳥用のエサを水でふやかして混ぜたものが基本となる。ドッグフードが鳥に使えるなんて驚きだが、栄養バランスがよいのだそうだ。その他、種類によって粟玉や果物やミルウォームなどを加える。

ミルウォームというのは、ペットショップで売っている生きた虫である。小さなゴミムシの仲間の幼虫で、長さ二、三センチ、太さ一、二ミリほどで、頭は濃い茶、体は薄茶色である。カブトムシの幼虫をうんと細く短くしたものだと思えばよい。あるいはウジムシをグイーーッと細長く伸ばしたものと言うべきか。集団で固まっているのは、あまり見たくはない光景である。それをなんと

ミルウォーム．右はオガクズをふるって虫だけを取り出したもの（自）

小児用の栄養剤を溶かした水に漬け込んでおくのだ。もちろんミルウォームは死んでしまうのだが、かえってその方がよいのだという。小さいヒナや弱ったヒナに生きたままのミルウォームを食べさせると、ミルウォームが鳥のお腹を食い破ってしまうことがあるらしい。そりゃミルウォームだって必死だろうから、そのぐらいの抵抗はするのだろう。

「誰かやってみたい人？」という声に、すぐさっと手が挙がる。みんなやる気満々だが、なかなかうまくいかない。私もスズメのヒナにやらせてもらった。インコの経験は豊富なのだからと少々自信があったのだが、とんでもない！

スズメのヒナはあまりにも小さく、しかも自分で口を開けてくれる子ではなかったので、こじ開けるのが本当に難しい。やっとの思いで開けてやっても、ピンセットをのどの奥に突っ込むのがとても怖い。何度か失敗したが、やっと食べてくれたときにはホッとした。

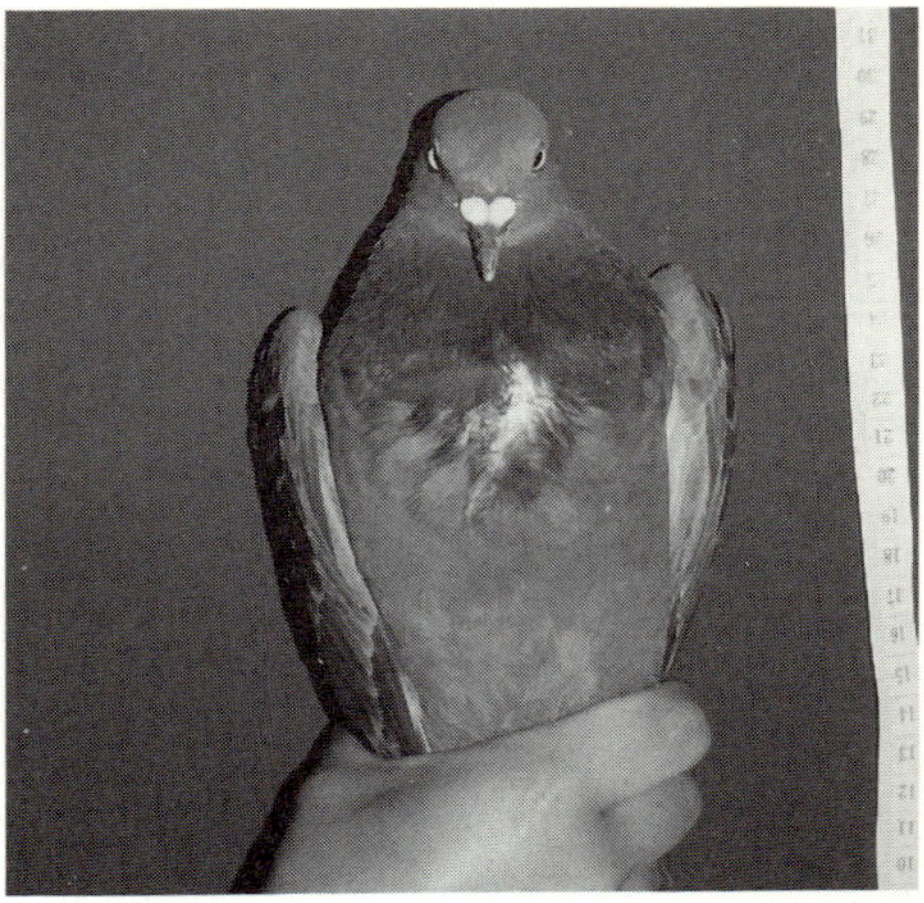

ハトを片手で持つ（文章中のハトとは別のハト）．このハトは胸をエアガンで撃たれている．（自）

次は羽根図鑑の説明である。死亡した鳥の羽根を順番どおりきれいに並べて貼り付け、ファイルを作るのである。こうしておけば、拾った羽根が何の鳥のものかだけでなく、何の鳥のどの部分の羽根かまで分かるのである。根気のいる大変な作業である。

その次は鳥の持ち方の説明だ。小さな鳥は片手で首のところを人差し指と中指ではさむようにして持つ。少し大きいのは両手で翼と足の付け根を押さえるような形で抱えればよい。

おもしろかったのは、ハトを片手で持つやり方である。上からしごくようにして、尾のところで翼も足もまとめて片手で握ってしまう。その練習台になってくれたドバトさん、実におとなしい。じーっとして、〝ハトが豆鉄砲をくらったような目〟をして、次々と「持たれて」ゆく。私の番、思わず「ちょっと失礼いたします」と敬語を使ってしまう。

野外の施設

■——施設を見学

　最後に、実際に傷病鳥獣を保護している施設を見せてもらうことになった。先ほど外からチラッとのぞかせてもらったが、もう一度ちゃんと説明を聞きながら回る。

　まず、屋外の施設だ。三棟に分かれており、一棟はシカが二頭で独占している。隣の棟はいくつかの小部屋に仕切られており、小鳥、カラス、フクロウ、水鳥などがそれぞれ分かれて住んでいる。その一角はハクビシンの部屋である。白く鼻筋が通っているので、「白鼻芯」となったのだそうだ。十頭ぐらいもいるのだろうか、かなりの数なのだが、押しくらまんじゅうでもしているようにピッタリ固まって細い木の枝に「止まって」いるので、何頭いるのか分からない。本当にみんなでギュギ

ハクビシン団子．このときの“団子”はまだ小規模．
もっと大勢で固まっていることもある．（自）

水鳥の施設．池が欲しい．

ワシ・タカの仲間のケージ．いつも一番多いのがトビ．
ほかにオオタカやサシバ，ハヤブサなどが来ることもある．（自）

ユッと丸くなって、これでは〝ハクビシン団子〟である。あまりおいしそうではない。

それに何なのだ、この子たちは……。テレーッとしてまるでナマケモノの小型版である。ハクビシンという動物は以前から知ってはいたが、テレビや本で見る限り、タヌキやキツネのようで、それなりによく動くと思っていたのだ。まさかこんなにのんびりと〝団子〟を作っている動物とは知らなかった。もっとも、後で分かったのだが、ハクビシンは夜行性なのだそうだ。それなら、まっ昼間には団子を作っていても無理はないか。

そして、三棟目は大きく二つに区切られていて、一つはハト小屋、もう一つにはトビをはじめとするワシ・タカの仲間が入れられていた。

こう書くとずいぶん大きい施設のようだが、

実際は思ったよりずっと小さい。一年間に八百〜九百点も傷病鳥獣が持ち込まれているらしいが、これでは手狭だろうと思う。

次に屋内の施設である。こちらにはケガの状態がひどいものや、保温の必要なヒナが置かれている。ここは外のケージとは違い、かなり哀れな様子のものもいる。

最初の部屋は、相当においがきつい。ここにはカラスやウミウ、カワウ、カモメなどがいる。そして例のカイセン症のハクビシンも二頭ここにいた。外のハクビシンとは違い、見るからに情けない。それでもスライドに撮られたときよりは、ずいぶん回復しているようだ。手厚い看護のおかげなのだろう。

そして、その横の作業台では、ちょうど職員が何か子ネコのような生き物にミルクをやっている。これがなんとムササビだそうだ。針のない注射器で少しずつミルクを口の中に流し込んでやる。少し飲むとティッシュでお尻を刺激して尿や便を出させてやる。野生では母親がミルクを飲ませたあと、なめてやっているのだろう。ちょうどミルクの時間に当たってラッキーだった。ムササビの赤ん坊なんて、普通は見る機会などなかなかないだろう。

最後の一部屋は主に小鳥たちの入ったケージがズラリと並んでいる。混雑してくるとこれが二段、三段と重なるという。

さて、これで本日のメニューは、すべて終了である。想像していたのよりずっとおもしろそうだ。

早速実習に来させてもらおう。応募したときは、「短期・長期の里親」だけのつもりだったのだが、説明を聞いて回るうちにすっかりセンターの虜となり、もっといろいろなことを勉強したくなってきた。そこで、里親だけでなく、センターでの手伝いをする「一般ボランティア」の方にも登録することにした。

人間優先の社会で、人間のために犠牲となってしまった鳥や獣たち……。彼らにごくごくわずかでもお返しができたなららと思う。いや、「お返し」なんておこがましいかもしれない。人間はもっともっと自然に対して謙虚であるべきだ。誇り高いツミを見つめながら、人間の罪について考えた。

■——配達されたカラスのヒナ

さて、講習会に出席したあとは、実際にセンターでの仕事を手伝いながら、いろいろ教えてもらわなければならない。そして、職員の人がもう大丈夫と判断してはじめて里親となれるのだ。その初研修の日、着いてすぐまだ皆に挨拶して回っているとき、カラスのヒナが持ち込まれた。なんと小学校の郵便受けに入っていたのだという。鳴き声に児童が気付き、教頭先生が届けに来たのだ。切手は貼ってなかったけど、どうやって郵便受けに?! 先輩のボランティアが言う。

「親が捨てたのかしらん」

カラスの世界も育児放棄か?……まさかね。それにしても……で・か・い! 「ヒナ」というイメージからはほど遠い。それでもまだ足が立たず、ドデッと足を投げ出して〝赤ちゃんのお座り〟のようなかっこうをして座っていると本当にかわいい。かわいいというより笑えるヒナである。

センターには先客のカラスのヒナが二羽いた。その子たちが「ハシブトガラス」なのか「ハシボソガラス」なのか迷っていたそうなのだが、この新入りのおかげではっきりした。大きさがまるで違うのである。新入りのヒナは一・五倍はある。つまり、古くからいるのはハシボソガラスで、今日の新入りはハシブトガラスというわけだ。鳴き声もまるで違う。ハシボソガラスはどちらかというとアヒルのような感じで「ガーガ、ガーガ」と聞こえる。声もそれほど大きくない。ところが新入りのハシブト君は大きな声で「アギャギャ、アギャギャ」とやかましい。生まれてからの日数が違うのではと思ったのだが、目の開き具合や毛の生え方からみると、だいたい同じぐらいだろうと獣医の先生は言う。なるほどそう言われてみると、確かによく似た雰囲気ではある。大きさ以外は……。

先輩ハシボソの一羽と今日の新入りを並べて写真を撮る。これは貴重な資料になるのだろう。ところが、せっかくだから二羽とも口を開けたところを撮りたいということになったのだが、なかなかそうはいかない。それ、両方とも開けたとシャッターを押すのだが、その瞬間にはどちらかの口がもう閉じてしまっている。撮っている人は必死なのだが、はたで見ているとカラスとかけあい漫才をやっているようで、申し訳ないが笑ってしまった。

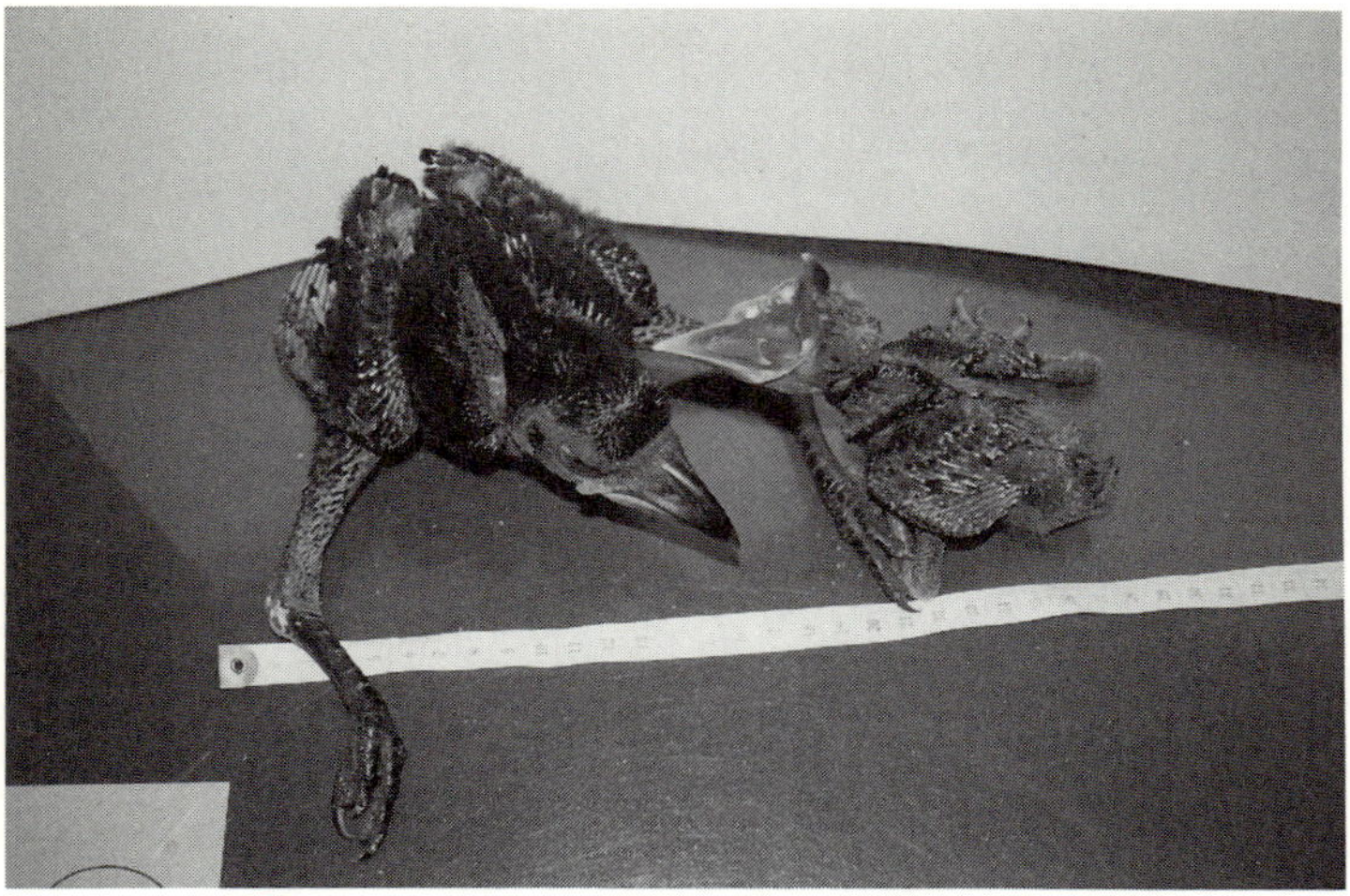

カラスのヒナ．左がハシブトガラスで、右がハシボソガラス．
大きさの違いがよく分かる．（自）

さて、カラスのヒナはひとまず置いておき、一年先輩のボランティア、橋本さんにくっついて、いろいろ教えてもらうことになった。最初に頼まれたのが、例のハクビシン小屋のフン掃除である。ケージのドアを開けて中へ入っていくときは、動物園の飼育係になったような気分である。ハクビシンたちは一週間前の講習のときに見たのと全く同じ状態で、相変わらず〝ハクビシン団子〟を作っている。もしかして、あのときから全く動いていない？……まさかね。それにしても本当に細い枝に器用につかまっている。

「よく落ちませんね」

と言うと、

「それが時々落っこちるのよ」

だって。いや、なかなか愛嬌のある動物だ。

このハクビシンのウンチはすごい。一カ所でしてくれるので掃除しやすいのだが、その量たるや……いや、食事中の方に申し訳ないので、詳しくは言わない。詳しくは言わないが………ウーーン!!……である。これをきれいに掃除し、次はハト小屋の水かえ、水鳥小屋の床掃除、使い終わったエサ入れの洗浄と消毒など、することは山ほどある。

その後でムササビのミルクやりを見せてもらった。一週間前に見たときは、まだ本当の赤ちゃんだったのだが、もうずいぶん大きくなって、注射器を自分で握ってミルクを飲んでいる。本当にかわいい。飲み終わるとトローンと眠ってしまった。そうこうしているうちに、もう一二時である。

■――いきなり留守番

ところが、ここで職員がとんでもないことを言い出した。午後から買い出しに行ってしまうらしい。頼みの先輩、橋本さんは午前中だけで帰るという。残るのは私とあともう一人、中年男性のボランティアだけである。

「新人二人だけになっちゃうけど、二〜三時間だからよろしくね」

え? 新人? ベテランの人じゃなかったの? でも、まさか……

「ボクも今日初めて来たんです。ヨロシク」

ガーン、そのまさかである。初めての人間二人だけを置いていっちゃうなんて、ここの職員は勇気があるねと感心する。

「エサは作っておくから、スズメとメジロとツバメとカラスにさし餌してやってね。二時ごろでいいと思うわ。あと、時間があったらこの部屋の掃除もお願いします」

はいはい、何でもいたします。だけどヒナたち、ちゃんと食べてくれるかなぁ。だんだん不安になってくる。職員二人が小声で話している。

「あのメジロまるで元気がないね」

「そうだね、全然生彩がないよね。ダメかもしれないね」

えーっ、私が留守番しているときに死んじゃったらどうするんですかっ？　初めて来た日に死なせちゃうなんていやだよぅ。

でも、これから度々「死」にも会うのだろうなと思う。スズメのヒナなどは、センターではともかく、一般では特に難しくて、育つほうが珍しいらしい。ここでは「死」は「よくあること」だろう。でも「死」に慣れてしまってはいけない。どんな小さな命でも、いつでも最後まで見届け、厳粛に送ってやりたいと思う。もちろんここの職員や先輩ボランティアたちもみな同じ気持ちであろう。一つ一つ丁寧に扱い、声をかけ、心から慈しんでいることがよく分かる。

さて、職員の二人は本当に出かけてしまい、橋本さんも帰ってしまった。取り残された新人二人でお弁当を食べ、雑談をしているうちに一時になる。まだエサはいいですよねと言いながらヒナの部屋へ行くと、保育箱の中はピィピィと騒がしい。

「ま、まだいいですよねぇ？　二時って言ってましたものねぇ」

「でもずいぶん鳴いてますね。お腹すいてるんじゃないかな」

「どうしましょう」

「う〜ん」

と二人で顔を見合わせる。

　そういえば前にもこんなことがあったっけ。長女を出産して退院してきたときだ。授乳は三時間おき……と言われたけど、一時間や二時間でふぎゃ〜と泣き出す。どうしよう……と迷った。でも元来がいいかげんな性格の私。ま、いいやと好きなだけ与えていた。そのうち自然に間もあくようになる。要は親があまり神経質にならないことだ。自分があげたいと思ったらあげたほうがよいと私は思っている。そうでないと親のストレスやイライラが子どもにも伝わり、悪循環になってしまうのではないだろうか。

　小鳥だって同じだろう。自然界では鳥は絶えずエサを運んでいるではないか。「腕時計を見ながら二時間おきにエサをやっているツバメ」なんて見たことがない。狩りに出かけたって、獲物が捕れるときも捕れないときもあるだろう。だからそんなに規則的にしなくたって大丈夫なはずだ。

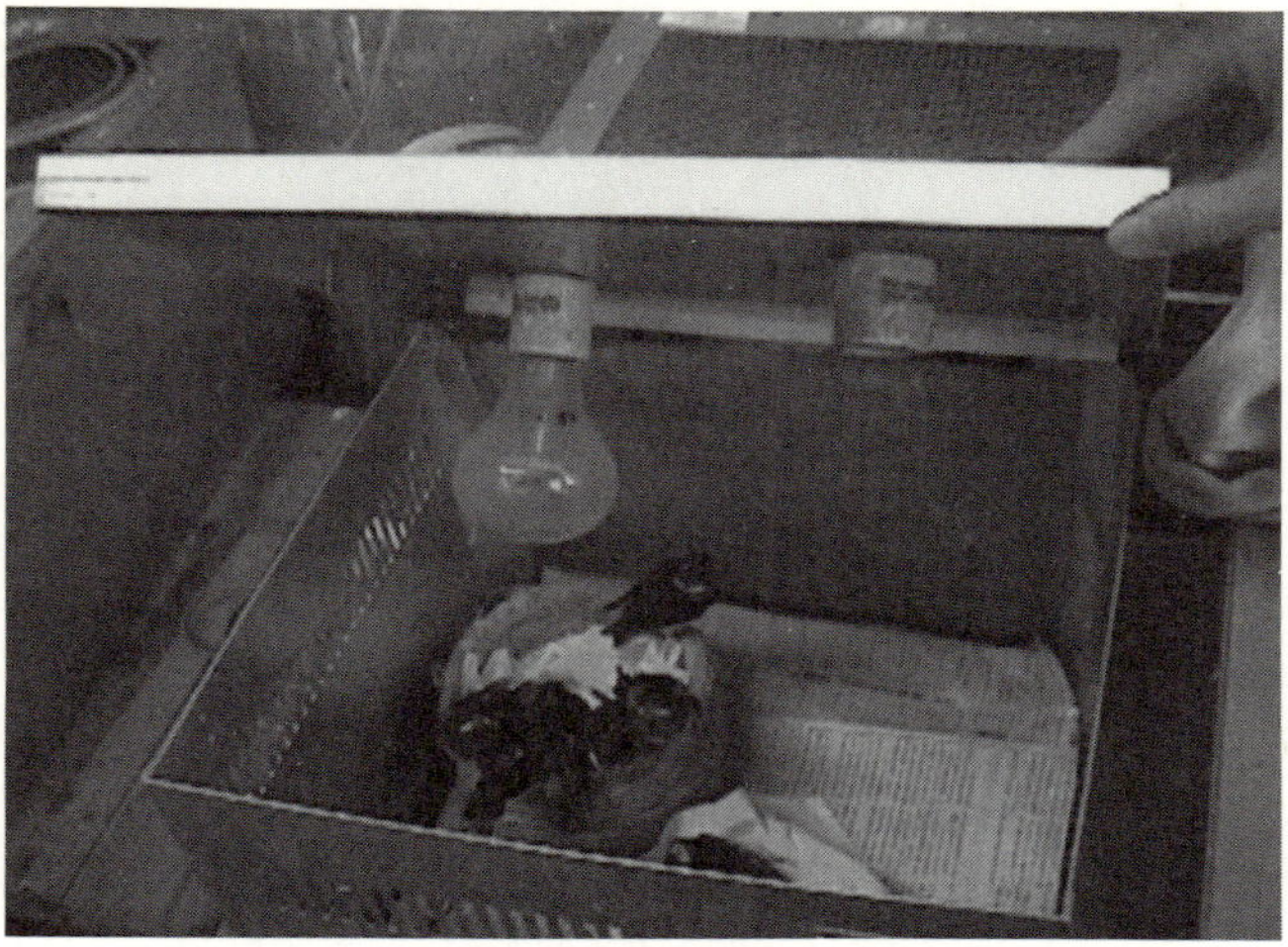
保育箱の中には電球がついている．かなり熱い．

■――スズメの個性、カラスの苦労

「やっぱりエサやりましょうよ。こんなに鳴いているんだから」

　まずはスズメの保育箱である。ふたの裏側に電球がついていて高温に保たれている。うっかり電球に触れてしまうとやけどをしそうなぐらい熱い。こんなに熱くしておかなければいけないものなのか。よくヒナを拾って自己流で育てようとして失敗することがあるが、エサもともかく、まずこの保温で失敗するのではないだろうか。

　その保育箱の中にさらにワラ製のかごが二つ。中にシュレッダーで細かく裂いた紙を敷き詰めてある。一つにはメジロのヒナがいて、じっと目をつぶっている。職員が「だめかもしれない」と言っていた子である。そして、もう一つには成鳥のツバメが一羽と、それにスズメのヒナが二羽入っている……はずなのだが……あれ、スズメが一羽しかいない。よく探すと、保育箱の隅、メジロのかごの後ろで隠れんぼをして遊んでいた。ヤンチャ坊主である。

あれ、これはもしかしたら先週の講習会のとき、モデルになってくれたスズメかしら……。あのとき、私が四苦八苦してエサをやったスズメ。でも、スズメのヒナは二羽いる。並べてみると顔が双生児のように似ているので（当たり前か）、まるで見分けがつかない。ツバメには見覚えがある。確かに講習会でお目にかかったツバメだ。だからスズメもあのときのスズメに違いないのだけれど……。私は隠れんぼをしていたヤンチャ坊主のほうを、勝手に〝あのときのスズメ〟に決めた。私の勘である。

あのときは全然口を開けてくれなかったけれど、今度はどうかしら。やっぱりあまり開けない。元気はよくてあちこち駆けずり回るのだが、エサに対してはあまり貪欲ではない。しかたがないから手でくちばしをこじ開け、のどの奥までピンセットを押し込む。のどを突いてしまいそうで怖いが、でもこうしてやらなければこの子は生きていけないのだ。最初はやはりなかなか入ってくれなかったが、そのうちこちらも慣れてきた。ちょっとしたテクニックで、スズメにとっても人間にとっても楽にエサを与えられるようになる。その点もう一方のヒナは、全然動かないくせに食欲だけは旺盛で、口をカパッと開けてくれるので給餌しやすい。同じスズメでも実に個性に富んでいておもしろい。

スズメに夢中になっているうちに、ツバメがバサバサッと羽ばたいた。飛べないのだがバタバタやりながらあっという間に部屋の隅の机の下に逃げ込んだ。手を伸ばすが届かない。まわりのケージやら箱やらいろいろなものをどかして、やっと追い出してつかまえた。ホッとしてツバメにエサをやっていると、保育箱の中からチイチイと細い声がする。あっと思ってふたを開けるとやはりメジロだ。確かに鳴いている。さっきまでずっとグッタリしていたのに、お腹がすいて親を呼ぶ元気が出てきたのだ。急いでメジロのエサを取りにいく。メジロのヒナはスズメのヒナよりもっと小さい。そのうえ、このヒナは何かの事故だろうか、上のくちばしが真中で折れ曲がってしまっている。口をこじ開けてエサを押し込んでやるのも本当に難しい。それでも何口か飲み込んでくれた。ごくんと飲み込むと本当にうれしくなる。あまり一度にたくさんやると疲れてしまいそうなので、四、五回飲み込んだところでそっと保育箱に戻す。

隣の保育箱にはゴイサギの成鳥がうずくまっている。これはさし餌をしてやる必要はない。小魚の切り身が置いてあるが、あまり食欲はないようだ。どこが悪いのか見ただけでは分からないが、まったく元気がない。そーっとふたを閉め暗くしておいてやる。

そして、さらに隣のカラスのふたを……うわぁっ！　開けたとたん三羽がいっせいに頭を振りたててクワッと口を開ける。顔より大きい口だ。口の中は鮮やかに紅い。すごいなどというものでは

少しだけ大きくなったハシブトガラスのヒナ．
ごく幼いうちは，こうやって足を投げ出している．

ない。思わず「すんげぇー」と心の中でつぶやく。ふつうのティースプーンでエサをやっていたのだが、ハシブトガラスのヒナは、スプーンごと飲み込みそうだ。「うわぁ、スプーンまで飲むな」と叫びながら、のどの奥にエサを押し込む。「ウギャ、ウギャ」と騒ぎながら、もっともっとと催促する。こんなのが七つもいたら、カラスの母さんは本当に大変だろう。

■──切り落とされたゴイサギの足

そうこうしているうちに、職員の二人がやっと帰ってきてくれた。留守中の報告をして今日の仕事は終りである。帰りがけにふと見ると、はかりの上に鳥の足が一本ゴロンと無造作に放り出してある。かなり大きい鳥の足だ。解剖したときに片付け忘れたものだろうか。しかし、あまり気持ちの良い図ではない。

「これは何の足ですか」

と聞くと、

「ゴイサギよ。そこにいるでしょ」

と言う。なんとさっきヒナたちの隣にいた、あのゴイサギ君の足だったのだ。生きている鳥の足だと思うと、急になにやら不気味なものに見えてくる。ゴイサギ君、どうりで元気がないはずだ。

「ほとんど皮一枚だったから、切断したの」

こんなに太い足がすっぱり切れてしまうなんて、このゴイサギ君はどんな目にあったのだろう。車にぶつかったのだろうか。それとも網にでもかかったか。あるいは釣糸？　案外釣糸が一番可能性があるかもしれない。水辺でエサを捕るから釣糸だって落ちているだろう。そして、釣糸は一度からみつくと容易にははずれない。きつく締まってくれば血が通わなくなって、足は腐ってしまうだろう。たった一本の細い糸が鳥にとっては命取りになりかねないのである。何気なく捨ててしまうゴミが一つの命を奪ってしまうかもしれないということを、私たちは心しておかなければならないと思う。

この日は、家に戻ってきてからも、ずーっとセンター独特のにおいがした。強烈なにおいが記憶となって鼻に染み付いてしまったらしい。食事がハクビシンのエサにさえ見えてくる。これには閉口した。けれども全然いやにはならない。またすぐにでも手伝いに行きたい気持ちである。今度行くとき、あのメジロはちゃんと大きくなっているだろうか。足を切断されたゴイサギ君も少しは元気になっているだろうか。あれこれ考えながら眠りについたのである。

■——カラスのいたずら

すぐにでもまた行きたいと思ったものの、実際に二回目の研修に行ったのは、二週間たってからだった。あのときのメジロは、ゴイサギはどうしているだろうかと、いそいそと会いにいく。新しい恋人でもできたように胸がはずむ。ボランティアは入り口で長靴に履き替え、箱に入った消毒薬に足を浸して出入りすることになっている。また、白衣も貸してもらえる。汚れ仕事であるばかりでなく、野生動物の中には病気を持っているものも多い。それを持ち帰って近所でばらまかないようにという配慮であろう。

着替えながらも隣のヒナの部屋が気になる。

「おはようございまーす」

と大声で叫びながら、保育箱を片っ端から開けてみる。ケージも次々とのぞく。……いない！　いないのだ、どこを探しても！　あの瀕死の状態からやっと立ち直ったと思われたメジロが、そして片足だけでがんばっていたゴイサギ君が……。とたんにフーッと力が抜けていく。やっぱり、とい

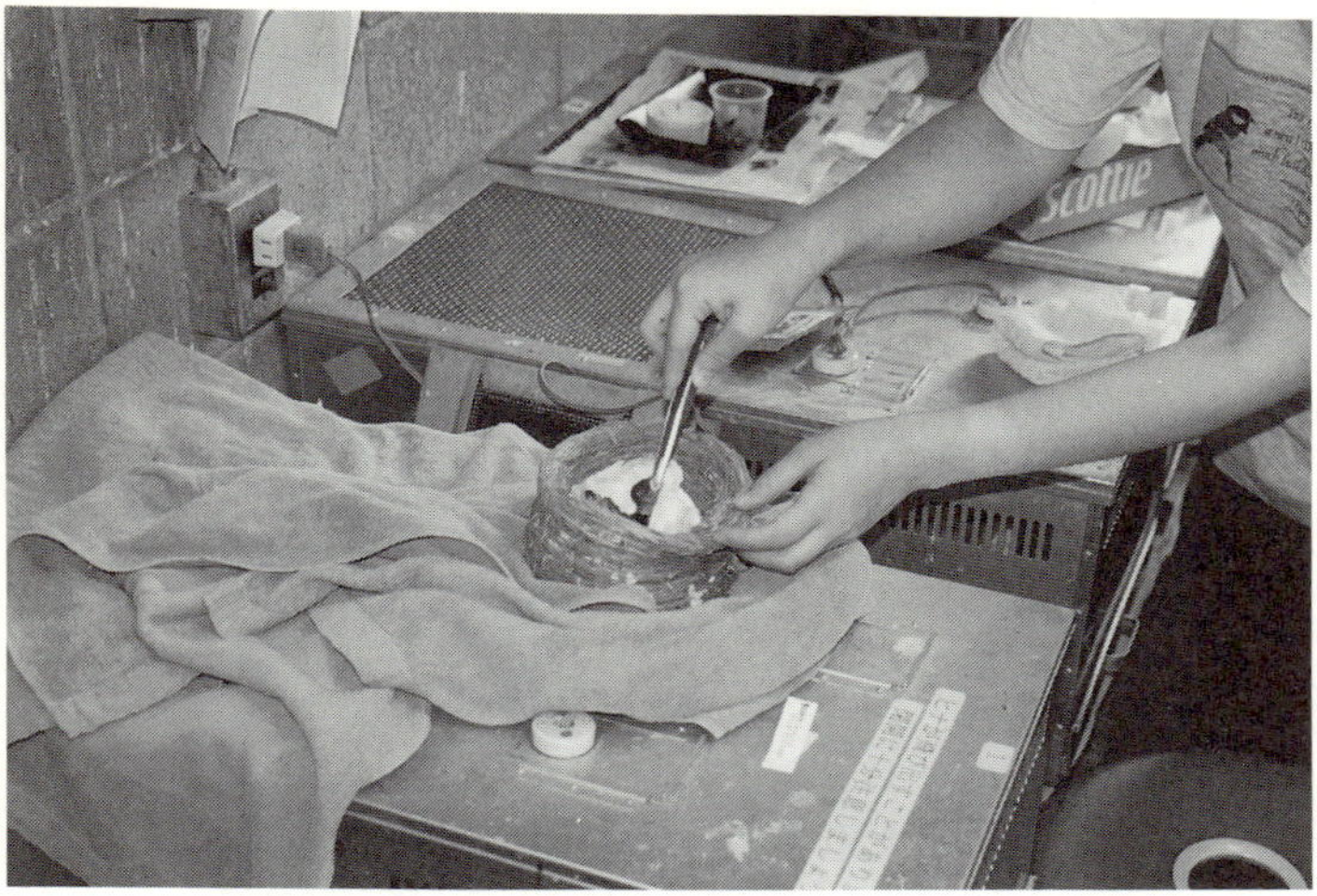

保育箱が並んでいる．順番にさし餌をしてまわる．

う気持ちと、なぜという気持ちが交差する。半ば予想していたことではあったが、実際に死んだとなると悲しい。悲しいというより悔しい。でも、いつまでも一羽の鳥の死を悼んではいられない。ほかに大勢の子たちが「ピーヨ、ピーヨ」「チッチ、チッチ」「ガーガ、ガーガ」「アギャギャのギャー！」と叫んでエサを待っている。新顔も大勢いる。気を取り直して掃除をし、さし餌をしてまわる。

　ここのカラスで一羽、とてもいたずら好きのヤツがいる。人馴れしているのだ。小さいころからここで育てられたのだろうか、人と遊んでもらいたがる。やたらに人の足をつつくのだ。まあ、背が低いのだから、肩をたたくかわりにふくらはぎあたりになるのは許すとしよう。でも、手がないからって、くちばしでつつくのはやめなさい。君のくちばしはとんがっているんだよ。それはね、人間にとってはすごく痛いの。お願いだから翼でたたいてちょうだいと、カラスによく頼んでみたのだが、結局通じなかったようだ。相変わらず人が近づくと喜々として寄ってきて、ふくらはぎをトントンと思いきりつついてくださる。一度などは、汚い水を取り替えようと、大きな水入れを持ち上げたとたんにつつかれたものだから、思わず手がすべってその汚い水をざんぶりと浴びてしまった。

このいたずらガラス、もうそろそろ放野できるのではないかということで、つかまえて調べてみることになった。どこも悪いところはないはずなのに、なかなか飛ばないのだ。それで、もし翼がきちんと生えていないのなら、それなりの対処を考えなければならない。状態によっては羽を一度抜いてしまう。そうすると、新しくきれいな羽が生えてくることがある。

二人がかりでいたずらガラスをつかまえ、まず口をテープで巻いて噛みつけないようにしてしまう。そして、タオルで体をくるんでおいてから、翼を広げて丹念に点検する。でも、羽の状態も特に悪くはない。どうやら広いところで飛んでいないから、筋力が足りないのではないかということになった。

同じカラスの仲間で、もう一羽気になる子がいる。「ハゲオナガ」である。といっても「ハゲオナガ」という種類の鳥ではない。禿げたオナガである。ほとんど赤剝け状態で、毛をむしった直後の鶏を小さくしたようなものである。〝翼〟ではなく〝手羽先〟がついている。だからオナガの大きさではない。羽のないオナガはこんなにも小さかったのかと驚く。もちろん自慢の尾羽もないから「オナガ」ではなく「オナシ」と言ったほうがよい。それに、どういうわけか頭の黒い部分だけは羽が抜けていないので、頭だけが不釣合いに大きく見える。この子は栄養のバランスが悪かったのだろう。でも、何がどれくらい足りないのかは分からない。いろいろ試してみるしかないのだ。

このように鳥たちの症状はさまざまだ。一羽一羽、様子を見ながらリハビリの計画をたて、気長に治していく。

■――ヒヨドリ放野

何度か手伝いに通い、少しずつ慣れてきたころ、橋本さんが預かっていたヒヨドリを二羽、放野するためにセンターに連れてきた。そこで、私も一緒についていってみることにした。放野は初めての経験である。センターのちょっと奥まで行けば、放野にふさわしい場所はいくらでもある。裏山は丹沢につながっているし、鳥も動物も、もちろんヒヨドリもそこら中にたくさんいる。二人で一つずつカゴを提げて出かけた。

ここで一つ学んだことがある。私だったら、もしケージの戸を開けても鳥が出てこなかったら、手で強制的に出すか、ケージの上をすべてはずしてしまうだろう。でも、橋本さんはただじっと待っている。この橋本さん、実は「ヒヨドリの母」と異名をとる、ヒヨドリ育ての名人である。一年

ヒヨドリのヒナ

間に七羽のヒヨドリを育てた。もちろんヒヨドリだけではない。カケスにムクドリとたくさんの経験を積んだ偉大なる大先輩なのである。だから鳥の気持ちもよく分かるらしい。

　放野のときにはできるだけ鳥を驚かさない。鳥のほうから外に興味を持って出てみようという気になるまでは、昼休みが始まろうと、お腹の虫が悲鳴をあげようと、じっと我慢の子である。そうだ、やっぱりとことんまで鳥の気持ちにそって世話をするということは、そういうことなのだ。私はこのとき何かひとつ大事なことを学んだような気がする。

　一羽はすぐに出ていったが、もう一羽はなかなか出ていかない。戸が開いていることは分かっているのだろうが、やはり未知の世界に出ていくのは勇気がいることなのだろう。同じ種類の鳥でも、その性格はそれぞれ全く違う。ときどき場所を変えながらしばらく待つ。

　そのうちにやっと恐る恐る外に出てきた。そして、出たと思ったらすぐに近くの木の上に。すると、それを待ちかねていたようにどこからともなく同じヒヨドリが飛んできた。そうか、このヒヨドリの気配を察していたから、なかなか出られなかったのかも知れない。縄張りを荒らしたと怒られるのかと思って一瞬緊張したが、さすがにセンターのヒヨドリは、そんな狭い心の持ち主ではなかったようだ。自由な空へ誘いに来てくれたのかもしれない。放たれた子は、その野生ヒヨドリの後を追うようにしだいに遠くなり、やがて見えなくなった。自分が育てた子でなくても、やはり無事大空に帰ってくれるのはうれしいものだ。

第2章

初めての里子はムクドリ

うちに来たばかりのドラ．頭の横にはまだ白い産毛が残っている．

大きな口を開けてエサをねだる．口の中は鮮やかな黄色である．

■――初心者向けのヒナ

　さて、センターでの研修も五回目となった七月のある日、せっせと掃除をしていると、職員に呼ばれた。

「今、初心者向け、お手ごろのヒナが来てるけど、育ててみる？」

　やった！　ついに念願の里親になれるのだ！

「お手ごろ」というとなにか品物のようで印象が悪いが、要するに丈夫で育てやすい種類で、しかも赤剥け状態ではなく、ある程度育ったヒナなので、放野できる可能性が高いということである。その「お手ごろ」のヒナは、ムクドリだった。保育箱のふたを開けると、グレーの体に大きな目がキョトンとこっちを見上げ、パカッと口を開けた。口の中は鮮やかな黄色である。頭の両脇にまだほよほよと白い産毛が残っている。

その大切な里子第一号を職員にしっかり箱に入れてもらって、そうっと抱えて持ち帰る。

帰りの電車の中で名前を考えた。わが家の鳥は代々お菓子の名前を付けられることになっている。初代のインコ夫婦は「千兵衛」と「クッキー」。それから「だいふく」、「おかき」、「パイ」、「氷あずき」、「サキイカ」などなど。さて、このムクドリは何にしようか。あれこれ考えるのだが、どうもこの子のイメージに合わない。「チョコ」や「キャンディ」では可愛すぎる。頭を悩ませながら窓の外を見ると「大判焼き」の看板。おお、大判焼き！　この子の雰囲気そのものではないか！　でも、「大判焼き」というのは、いくら何でも呼びにくい。それにしても、ああ、大判焼きを食べたいなぁ……と思っていると、ふいに目の前に「どら焼き」が浮かんだ。そうだ、これだ！「どら焼き」の「ドラちゃん」なら呼びやすい。この子の不敵な面構えには「ドラ」はまさにぴったりである。かくして私の一存で、この子の名前は「どら焼き」に決定。

ドラはお腹がすいてきたらしく、バスの中でピヨピヨ鳴きだした。前の座席の人が驚いて振り返る。笑ってごまかす。しだいに声が大きくなりハラハラするが、何とか騒ぎにもならず家までたどりついた。子どもたちは初めての里子にワイワイ大騒ぎである。ドラちゃん、ドラちゃんともうスターである。しかし、下の息子だけは、この名前に賛成しなかった。彼はその後二、三日の間「フランス・カプリチオーネ」とか何とか呼んでいたが、いつのまにか「ドラ」になっていた。

さて、里子を育てるときの第一条件は、人に馴れさせすぎないことである。手からエサをやるので、どうしても多少は人馴れするのだが、触るのは必要最小限にとどめて、できるだけあとは放っておくのである。ベタ馴れの手乗りインコのようにしてしまっては、放してもまた戻ってきてしまう。いつまでもワイワイ騒いでいる子どもたちにも、あまり触らないように言ってきかせる。しかし、初日はまあ仕方ないか。ムクドリのヒナなんて見たことないんだから。末っ子などは、思ったとおり頭の横の産毛に目をつけ
「イワトビペンギンのヒナ?」
と聞いた。そんなものがうちに来るか!

■——ドラ様のお食事

人間の食事は後回しにして、まずはドラ様のお食事を準備する。野生のムクドリは、主に生きた昆虫を食べる。ほかに木の実や果物、野菜も食べる。ヒナのうちは九官鳥用のエサとドッグフードを水にふやかして混ぜ合わせたものが基本食で、それにミルウォームと果物を適当に加える。これを三時間おきにさし餌してやるのだ。早速センターからもらってきた基本食を用意した。それにこれももらってきた桃をきざむ。桃なんて今年はまだ一度も食べてないよう、という子どもたちの声は無視。実はセンターには、いつも果物が豊富にあるのだ。近所の八百屋さんやスーパーが、売れ

残って腐りかけた果物や、その他の食べ物を寄付してくれているのだ。いくら半分腐りかかっているとはいえ、山のようなメロン、桃、サクランボなどを目の前にしていると、やや複雑な気分ではある。うちの子どもたちを連れていったら、絶対かぶりつくだろう。

ドラの食事．左：ドッグフード＋九官鳥のエサ＋ミルウォーム．右：ブドウとトマト．

さて、果物の用意はできたが、もうひとつミルウォームをやらなければならない。センターでは幼児用の栄養剤を溶かした水につけて、死んだミルウォームを与えていたのだが、私が今日もらってきたミルウォームは、まだご存命でいらっしゃる。こんなのをやって大丈夫かしらとちょっと心配になったので、〝半殺し〟にして与えることにした。私は決して残酷な人間ではないと思っているが、なにしろ「母は強し」である。心を鬼にしてミルウォームの頭をピンセットでプチッとつぶしてから与えた。

ムクドリは「お手ごろ」と言われただけあって本当に楽である。何しろ自分から大口を開けてくれるし、お腹がいっぱいになると、もういらないという意思表示をするのである。すべてのムクドリが同じかどうか分からないが、ドラは一応口を開けておいて、エサを近づけるとプイッと横を向いてしまうのだ。フェイント攻撃である。そのうちに全然口を開けなくなるので、とても分かりやすい。これならばやりすぎる心配はなさそうだ。夜も私を起こすことなく朝までぐっすり眠ってくれる。

■――ドラの暗い過去と恐るべき食欲

ドラが保護されたのは、記録によれば街中の路上であったそうだ。しかも、保護されたときの状況として「近くに親がいたが他のヒナを連れて行ってしまった」とある。そのあと、ひとり取り残されてノコノコと出てきたらしい。いやはや……。ムクドリの世界にも非情な子捨てが流行っているのだろうか。なにしろこんなご時世だから。

しかし、そんな暗い過去を背負っているにもかかわらず、ドラは本当にいい子だった。昼間だけは三、四時間おきにエサをやり、夜は一一時ごろに最後のエサをやれば、あとは朝までぐっすりだ。実に育てやすい。これはわが家代々の伝統ともいえる。わが家の三人の子どもたちも、夜中のミルクはすぐ間遠になり、夜泣きもほとんどせず、育てやすい子たちであった。どんなに泣いてもお母さんが起きなかっただけじゃないの？という人もあったが、断じて違う……と思う。天の計らいなのだろう、ズボラな親のところには、手のかからない子どもが割り振られることになっているのだ。そうでなければ子どもは生き延びられない。

ミルウォーム食べたいよう！

さて、ドラを育てることになって驚いたのが、この子の食欲だ。預かってから十日ぐらいすると自分でエサを食べられるようになったが、まるで餓鬼のごとく何でもガツガツと飲み込んでいく。特にミルウォームは大好物で、このころはもう生きたままやっていたが、エサ箱に二、三十匹入れてやると五、六匹ずつまとめてガバッと口にくわえこむ。そして、その場でブルンブルンッと振り回す。当然ちょっとだけしかくわえられていなかったヤツは、はるか彼方まですっ飛んでいく。だからミルウォームをやったあとは、しばらくついていて、遠くにふっ飛ばされてもがいているヤツをまた拾い集めなければならない。それでもまだときどきうまく逃げ出したヤツと、とんでもないときに出会って、ギャーッと叫ばなければならなくなる。

一度、気分よくお昼寝していたときにふと横を見たら、脱走ミルウォーム君と目があってしまったことがあった。律儀なヤツで私のすぐ枕元までご挨拶に来てくれていたのだ。私はビクッとしたが、ややあ、これはどうも……とか何とか言いつつ内心の動揺をごまかし、ピンセットでつまんで再度ドラのエサ箱に放り込んだ。瞬間でその姿は消えた。きっとミルウォーム君は、何が起こったのか分からなかっただろう。私の寝顔の残像がまだ残っているうちに、ドラの胃袋の中におさまったのだから。

■――お嬢様ノコちゃんとガキ大将ドラ

例の大先輩、橋本さんの家にもムクドリがいる。この子は翼が折れてしまって、もう放野はできない。橋本さんの家で余生を送るのだ。名前は〝ノコちゃん〟。この子は言葉をしゃべる。「ピピピピピ、ノーコーちゃーん」と叫ぶのだ。ムクドリは九官鳥の仲間だからおしゃべりができるのだそうだが、野生に返すドラには言葉を覚えさせないよう気をつけなければ。林の中からいきなり「ドーラーちゃーん」などという声が聞こえたら、幽霊の噂がたってしまう。

で、このノコちゃんはミルウォームをどうやって食べるか聞いてみた。やはりミルウォームは大好きだったそうだが、何匹も一度にくわえて振り回すなどという下品なことはしなかったそうだ。一匹ずつ丁寧に食べていたらしい。しかし、青虫をやると「ビタン、ビタンと止まり木にたたきつ

何の夢を見ているのかな？

け、ジューシーな青汁をいっぱい出しておいて、そこをジュルジュルっと飲み込むの」だそうだ。ちなみにこの表現は、橋本さんからいただいたメールそのままである。彼女の豊かな表現力に感心する。

それにしても、なぜムクドリというヤツは、止まり木にエサをたたきつけるのが好きなのだろう。カワセミなど魚を食べる鳥が、木に獲物をたたきつけて殺したり弱らせたりしてから食べているのをテレビで見るが、似たような習性なのだろうか。ドラはカキやリンゴなどの果物でも、みんな止まり木にたたきつけるものだから、吹っ飛んでそのままなくなってしまって、よく呆然としていた。昆虫を弱らせて動かないようにするというのは分かる。しかし、なにも果物まで……。

センターの獣医さんのアドバイスによると、好き嫌いのないムクドリに育てるために、いろいろな種類の虫をやったほうがよいということだ。だから、なるべく外でいろいろな虫を捕まえてくることにした。ドラはこの訓練も簡単にこなした。つまり、ほとんどどんな虫でも、たちまち食べてくれたのだ。ノコちゃんはミミズをこわがって「ギョエエッ」と悲鳴をあげて逃げ回ったらしいが、ドラは小ぶりのミミズならば、ざるそばのごとくツルツルッと飲み込んでくれた。

こんなものは食べないだろうと思ったのにペロッと食べたのは、ツンツンした毛がモシャモシャと生えた三センチほどの毛虫だ。ノコちゃんも毛虫を食べたことはあったらしい。さも嫌そうに、しぶしぶという感じで、止まり木にこすりつけて丹念に毛をとってから食べたそうだ。しかし、コイツは……！　じっと見つめていたと思ったらサッとくわえて一度ブルッと振り回し、床にたたきつけたあと、一気に飲み込ん……いや、飲み込もうとしたのだが、さすがにのどを通りにくかったらしく、しばらく何度もくわえなおしたり、反すうするようにモゴモゴやっていたが、とうとう強引に飲み込んでしまった。そして、得意そうな顔をして私を振り返ったものだ。思うにノコちゃんは育ちのいいお嬢様なのではないだろうか。そしてドラは下町のガキ大将というところか。まあ、わが家にはそれが似合っているのだろう。

そんなドラでも食べなかったものがある。アブラゼミだ。まあ、私も食べると思ったわけではないが、どこかにコイツならばという気持ちがあったことは否めない。死んで落ちていたセミを入れ

てやったら、未練たらしくつついていたが、口に入らず諦めてしまった。ところが、この話を橋本大先輩にすると、

「あーら、セミもよく食べるわよ」

と言われてしまった。

「ただし切ってやらなきゃ。冷凍しておいてから切るの。ちょっと勇気がいるかもね」

とのこと。優しい顔をしてすごいことをおっしゃる！ いやはや、里親ボランティアとは相当勇気のいるものだと思い知った。

■——鬼の尾羽抜き

夏休みも中盤にさしかかったころ、ドラの尾羽に異変が起こった。もともと、ずいぶん尾羽がボサボサした鳥だなと思っていたのだが、なぜかみごとに真ん中からプチプチ切れてしまう。二、三日の間に、すべて半分以下の長さになってしまった。理由が思い当たらないので、きっと保護されたときからすでになんらかの理由で傷を負っていたのではなかろうか。ひょっとすると、親に置いてきぼりにされたというのも全然別の事情かもしれない。たとえば、巣立ちの練習をしようと思ったらお尻からドッテンと落っこちて、もがいている。しかし、親には拾いあげることもできない。そこへ人間が来たので親はやむを得ずほかの子を連れて立ち去った。後に残ったドラは、お尻をさ

真ん中から切れた尾羽．かろうじて左端の2枚だけが無事．

すりながらノコノコ出てきたところを見つかってしまったとか……。いずれにしても放っておくわけにもいかないので、センターの獣医さんに相談する。

ところで、私の大好きなこの獣医先生、実はめぐみさんという女医さんである。とてもよく気がつく人で、私よりずっと若いのだが、私は文句なしに尊敬しているのだ。この人、とても笑顔のかわいい優しい人でありながら、肝っ玉はドーンと据わっている。なにせドラの尾羽について相談したときの返信メールがおもしろい。

「抜くしかないでしょう。そんな状態でも飛べなくはないでしょうが、やはりバランスが悪いでしょうし、そんなんで自然換羽を待ってるのもかわいそうかと思います。鳥によっては抜かない方がよいものもあるけれど、ムクドリなら大丈夫でしょう。母は強しでここは一発やってみましょう。ムクドリ程度の大きさの鳥なら、比較的抜きやすいですし。ただ、一度に全部抜いてしまうのはかわいそうですから、一回三～四本にしておいて、三日くらいかけて抜いてやりましょう。抜くとき、ギョエ!!と叫ぶかもしれませんけど、聞かぬフリ。とっつかまえたら尾羽の生えているお肉部分を指で挟むようにして押さえ、目的の尾羽を羽軸と平行方向にひっぱって抜きます。一本ずつね。中途半端な力で引っ張ると痛いだけで抜けませんから、意を決して抜くぞ！という気持ちでやってね。プツッというような感じで抜けてくれると思います。」

とのこと。まあ、獣医ならば、どんなかわいい動物にも心を鬼にしてブスッとメスを突き刺さなきゃいけない場合もあるわけだから、肝っ玉が据わっているのは当然のことだろう。そして、私もそういう度胸は据わっている。ドラの尾羽を引っこ抜くぐらいどうってことはない。はっきり言えばおもしろそう！　いや、決して残酷な気持ちで言っているのではない。誤解しないでほしいのだが、純粋に〝医学的興味〟でおもしろそうと言っているのだ。なにごとも経験である。

さて、そういうわけで、はりきってドラをとっつかまえた。お尻のお肉をしっかりはさんで準備完了。めぐみ先生のおっしゃるように、優柔不断にそーっと引っ張ったらかえってかわいそうだろう。エーーイッ！

あら、あっけないほど何の抵抗もなくスッと抜けた。ドラの悲鳴も覚悟していたのだが、ピィとも鳴かない。どうやらほとんど痛みはないようだ。通常の状態では考えられないので、やはりもともと何かおかしかったのだろう。一本ごとに悲鳴をあげるようなら三～四本にしておこうと思っていたのだが、この調子なら大丈夫だろうと、いっぺんに半分ほども抜いてしまった。次の日、残りの半分を抜き、尾抜き完了。あとは順調に生えてくることを祈るだけである。「尻ハゲ」となったドラは何だかアンバランスでおかしい。

■――ドラ、自給自足に挑戦

さて、「尻ハゲ」状態でも、自分でエサを捕る訓練はどんどん進めなければならない。どうやって進めるかというと、最初は口の中に押し込んでやる。それでまず強制的に生きた虫の味を覚えさせるのだ。自分でエサ箱をつつけるようになったら、ミルウォームなどはそのままエサ箱に入れておいてやればよい。しかし、これではあまり「動く虫を追いかけて捕まえる」訓練にはならない。そこでケージの下の網をはずし、そこに捕まえてきた虫を数匹放してやるのだ。最初の日はコオロギの子どもやダンゴムシ、クモやアリなどを捕らえてきた。それをケージに放す。

ドラは順調にどんどん食べていく。ただ、アリを数匹一緒に放り込んだのは失敗であった。アリはケージをよじのぼって逃げてしまい、しかもとても素早いということを計算に入れていなかった。しかも、ドラが好みのダンゴムシやコオロギばかり食べて、アリは後回しにするものだから、あち

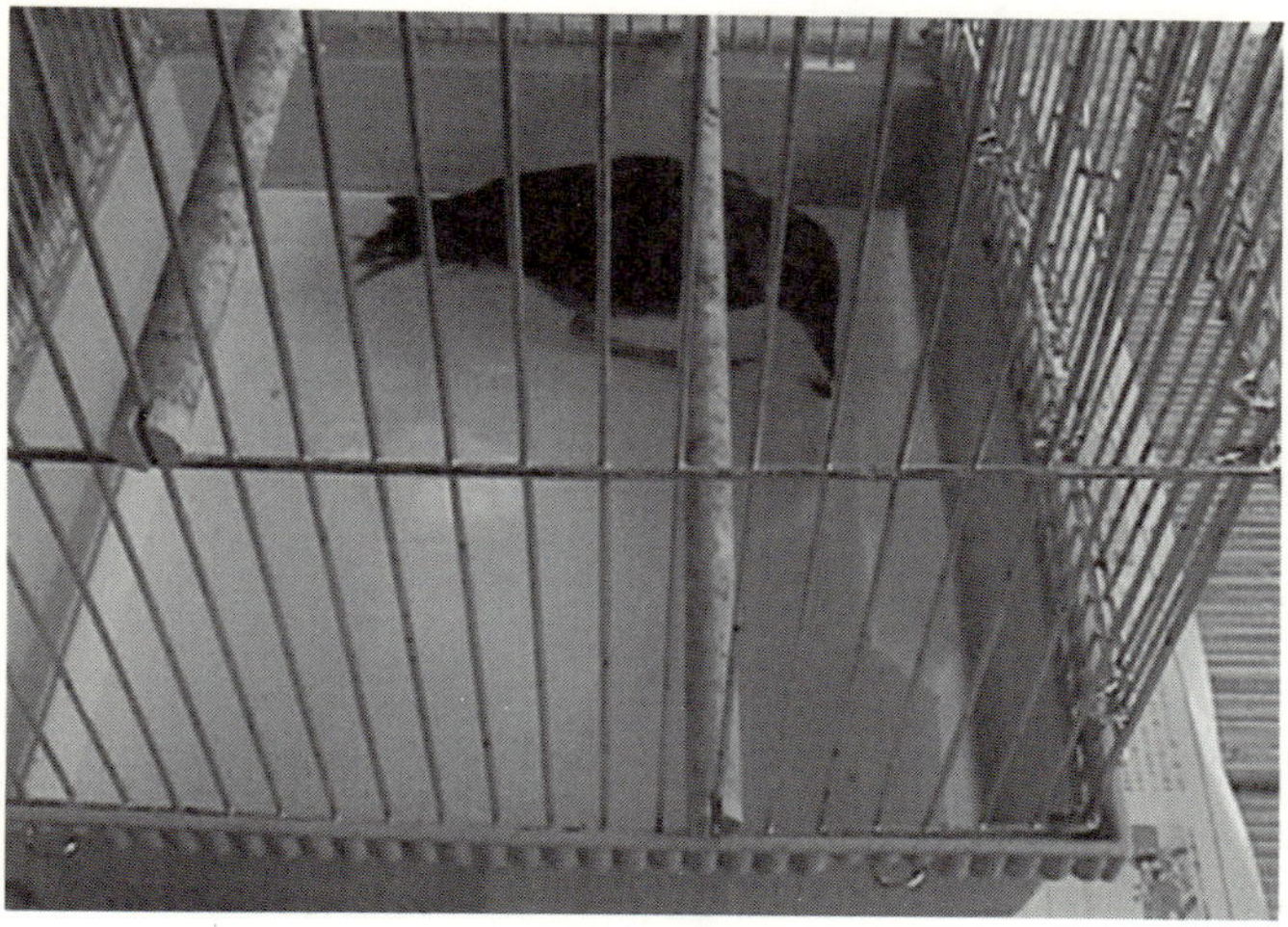

床に放した小さな虫を追いかけて食べる.

こちからどんどん脱走しはじめたのだ。

「あ、それそっちに逃げた。ほら、捕まえて！　あああっ、こっちも、早く早くぅ……、うわぁ、三匹目も出ちゃった。ドラちゃん、早く食べてよ、ほらほら」

などと、子どもと大騒ぎである。やっとのことで全部食べ終わった。とたんにおかわりの催促をするがもう捕りにいく元気は残っていない。

橋本大先輩によると、なんでもアリは酸味が強いのでまずく、地面にいる虫の中ではミミズが一番滋養があってよいのだそうだ。橋本さん、試食したんだろうか？

ケージの中での訓練を二、三回経験したら、今度はいよいよ外に連れ出す。といっても、まだ放すわけではない。ケージごと連れていき、ケージの底をはずして地面に置くのである。要するに地

地面の上での採餌訓練

面に放したドラにケージをかぶせた格好になる。最初、ドラはなかなか地面に降りようとしなかった。そこで「獅子は我が子を千尋の谷に突き落とすのだよ」と言いつつ、ドラの止まり木をはずしてしまう。それでもしばらく金網に足をかけてふんばっていたが、やがて降りてきた。一度地面の感覚がわかってしまうと、何ということはなかったらしく、しばらくして酸味が強いというアリをつつきはじめた。この課題もどうやらクリアである。

こうやってドラを連れ出していると、よく近所の人に「何の鳥ですか」と聞かれる。そこでボランティアのことを簡単に説明することになるわけだが、ほぼ全員が「大変ですねぇ」と同情するような言い方をする。これは大きな間違いである。確かに二時間もかけて遠くまで出かけ、鳥のフン掃除やエサやりをするのは、大変な時間と労力を使う。しかし、私はそれを好きでやっているのだ。強制されてやっているわけではない。それが楽しいからやっているだけなのだから、ぜんぜん「大変」とは感じていないのだ。それは誰も察してくれない。まあ、特別の鳥好き、動物好きでなければ、この気持ちは分からないだろう。いいさ、いいさ。

■——トマト地獄

あるとき、体操をやっている上の息子の大会があったので、どうしても丸一日家を空けなければならなくなった。ドラを預かってからこんなに長時間家を空けるのは初めてである。夫は仕事、上の娘もいなかったので、やむを得ず下の息子にドラの世話を頼む。甘えて口を開けるものの、もう自分でもエサを食べられるようになっていたので、さし餌の必要はない。しかし、果物や野菜は腐りやすいので、少しずつ日に二〜三回に分けて入れていたのだ。ミルウォームも例のごとく見張っていなければならないので、一度に入れずに少しずつ何度も与える。その注意をよく息子に頼んでおいた。息子もいつも見ているから、要領はだいたい分かっている。大丈夫だから安心して行っておいでという彼の言葉に、頼もしくなったなぁと感慨にふけりつつ、一抹の不安を残しながらも家を後にした。

さてさて、無事大会は終わった。息子は成功率の低かった技を運良く決め、何とか入賞を果たした。家が近づくにつれ大会の興奮はさめ、ドラのことが気にかかってくる。末っ子はちゃんと世話をできたかしら……。

「ただいまっ！　留守番ご苦労。ドラは？」

「うん、大丈夫。ボクちゃんと世話できたよ」

得意げな息子に一安心。ケージをのぞくと確かにドラは元気だった。しかし、視界のすべてが真っ赤である。何だ、何だこれは!!

ケージの中いっぱいに、分厚いじゅうたんのように真っ赤なものが敷き詰められ、水分でグショグショになっている。おまけにケージの中だけでなく、その四方八方、畳といわずタンスといわず、とにかく部屋の中一面が真っ赤っ赤！　その正体はトマトであった。息子はエサ箱がすぐに空になるので、おかわりだと思ってそのたびに山盛りいっぱいのトマトを入れてやったという。ふだんなら昼間一回だけ容器に半分ほどやって、あとはまた夕方と次の朝というふうに分けているのだが、なんと五回も続けてやったらしい。しかも山盛りだ。あわてて冷蔵庫をのぞくと、五日分はあると思っていたトマトが、一つも残っていなかった。

ドラは前述のように、トマトでも食べるときに振り回し、たたきつけ、そこら中に散らかす。だから入れてやってもすぐにエサ箱を空にしてしまうのだ。それでも放っておけばそれを拾って食べるのだが、心優しい息子はエサ箱が空ではかわいそうだと思ったのだろう。それにトマトを刻むのも、とてもおもしろかったらしい。だからどんどん、どんどんおかわりをしてやったのだ。しかし、切り方がちょっとばかり大きかったために、ドラはうまく飲み込めず、小さくしようとして余計に振り回し、ふっ飛ばしたのだろう。いやはや壮絶な状況であった。

ドラの腹具合が心配であるが、見たところではいたって元気そうだ。とにかく掃除をするためにケージの底をはずし、広告紙の上にケージの上部だけを置いてドラを入れておく。ところが、底部を洗い終わってケージをのぞいてみると、広告紙の上にいくつものトマトの切れっ端がある。新しい広告紙を使ったはずなのにおかしいと思ってよく見ると、それはすべてドラのフンであった。トマトの混ざったフンなどというものではなく、トマトそのものが出てきているかのようだ。それもかなりの量である。ますます心配になるが、まだエサをねだって口を開けたので、ミルウォームを放り込んでやるとガツガツとよく食べる。ホントにコイツは……。

翌朝も起きてまずドラをのぞくが、どうやら心配はないようだ。いつもどおり人の顔を見るとギャーギャーとエサをねだる。フンの中にはいまだに少しトマトが混ざっているものの、全身の様子から大丈夫と判断。いつもどおりの量でエサを用意してやると、喜々として食べている。私もヤケクソになって、その日もトマトを買ってきた。それを試しに差し出すと、相変わらず大喜びで振り回したあと食らいついている。やっぱりただものではない。

■——円形脱毛症？

さて、今年もお盆がやってきた。わが家では、お盆は毎年九州で過ごすことになっている。夫の実家があるのだ。いつも留守中の動植物の世話は近所の人にお願いしているのだが、ドラだけはセンターに一時里帰りさせたほうがよいと思い、出発の前日に連れていった。

「ここはお前が拾われたばっかりのとき、しばらく過ごしたところなのだよ、覚えているかい」

と聞いたが、

「赤ん坊だったんだもん、覚えてるわけないだろ」

とのことだった。いや、これは私が彼の返事を代弁しただけであるが、まあ、当たらずといえども遠からずだろう。キョロキョロ見まわしていたが、すぐにもらったミルウォームをつつき始めたのでほっとしてセンターを後にする。

みずみずしい水田が広がる福岡の郊外で、のんびりとおいしい空気を満喫する。今年は特に鳥たちの姿に目がいってしまう。日本中でこの地域にしかいないカササギが、カシャカシャと独特な鳴き声をたてる。白と黒のコントラストが美しい鳥だ。また、泥の干潟、有明海まで足をのばせば、数々のサギ類がエサをあさっている。のどかな田舎の風景は、都会に住む私たちが日ごろ忘れている何かを思い出させてくれる。

数日間命の洗濯をしたあと、ドラを預けてからちょうど二週間目に彼を引き取りに行くことになった。ドラは覚えていてくれるかな。当然だよね。あんなに一生懸命に面倒見てあげたんだから。センターに着くと思わず小走りになる。

「ドラっ、ドラや……」

風切羽の真ん中がごっそり抜けている．

あ、いたいた。心なしか痩せたようにも見える。そうか、お母さんが恋しくておいしいミルウォームものどを通らなかったのだろう。しかし、男性職員いわく、

「こいつはホントによく食うわ」

え、そんなはずは……。まあ、いいか。

「おーい、ドラちゃん、お母さんですよ」

あれ、様子がおかしい。「おお、お母様っ」とひしと抱き合って涙を流す、とまではいかなくても、せめてケージの中でうれしそうに叫んでばたつくぐらいの反応はあるかと思っていたのに、まるで無反応。それどころか、私の顔を見て首までかしげているではないか。なんという

恩知らず！……とは思ったものの、野生に帰ることを考えればこれでよいのだ。しかし、車の中でだんだん思い出してきたのか、盛んに私の手をつついて甘え鳴きをしている。それとも単なるエサの催促か。

うちについて早速ケージから出してやる。当然いつものようにパッと電気の上あたりへ飛んでいくと思ったのだが、飛べない！　地上三十センチのところを低空飛行である。そんなはずはない。センターに行く前にもう相当飛べるようになっていたし、ケージから出るとすぐにパソコンの上とか電気の上とか、高いところにあがりたがるのが常だったのだ。こんなに低いところばかりを飛びまわっているなんて、絶対におかしい。早速とっつかまえて羽を広げてみて絶句した。翼の真ん中がごっそり抜けているのだ。両方ともである。なんなのだ、これは！　これでは飛べるわけがない。痩せたように見えたのも、羽が減っていたせいだったのだ。

センターの管理が悪かったわけでは決してない。それは、うちよりは手の届かない部分もあろうが、それでもベテランの皆さんに丁寧に世話をしてもらっている。事故はありうるが、翼の片方が折れたなどというのならともかく、両翼の真ん中だけが抜ける事故なんて考えられない。羽の生え変わる時期なのかとも思うが、風切羽の真ん中だけというのはおかしな話である。尾羽と同じ障害によるものだろうか。それともストレスによる円形脱毛症？　いろいろ考えたが原因なんて分からない。ただ、よく見るともう新しい羽が生えかかっているから、まあ尾羽のように抜かなくても放

すっかり元通りになった風切羽

っておいて大丈夫だろう。

■——放野はいつに

順調に行けば八月中には放野できるはずだったのだが、「尻ハゲ」にはなるし、「円形脱毛症？」にはなるしで、すっかり遅くなってしまった。ようやく九月半ばになって、放野しても大丈夫とのお墨付きをもらったので、時期をうかがいはじめた。あまり遅くなると山に食べ物がなくなってしまう。ずっと外で育った慣れている鳥ならばどうってことはないのだろうが、なにしろうちのドラちゃんは「深窓のご令嬢（ご令息かもしれないが）?!」である。厳しい自然の中で生きていくことに慣れていないのだ。もう大丈夫となったら、一日も早く自然へ返してやるのがその鳥のためなのである。理想はムクドリの群れがいるときに、その近くでこっそり放してやることだと聞いていた。もしその群れが驚いて飛び立っても、どさくさにまぎれて一緒に入っていってしまうだろう。ところが、わが家のまわりにはムクドリはたくさんいるはずなのに、このところとんと姿を見せない。そういえばムクドリを見かけるのはいつも冬だった。夏の間はうちの裏山にたくさんエサがあるので、わざわざ人里近くをあさる必要もないのだろう。

そういえば今までは、家の近くで見たことのある鳥だと思っても、いつ見かけるのかまでは気にしていなかった。まあ、ツバメが夏にしかいないことぐらいは知っていても、一年中いる鳥なのか、それともある季節にだけいる鳥か、またいつ群れで行動し、いつ単独行動をしているのかなんてことは全然気にもとめていなかったのだ。ただ〝見ている〟のと、必要なことを〝観察する〟のとは全然違う。またひとつ勉強である。

とにかく、九月だと家のまわりでムクドリを見かけることは少ない。どこか群れのいるところまで連れていこうかという話も出たが、ムクドリが全くいないというわけではないので、わが家の裏山に放しても大丈夫だろうということになった。裏山というのは、〝山〟と呼ぶのはおこがましいほどのわずかに小高くなった林であるが、それでもコジュケイ、ウグイスなども住んでいる。家族の揃っている休日に、全員で見送ってやろうと思い、日程を調整する。

九月一五日　出かける予定があるのでだめ。

すっかり大人っぽくなったドラ．放野は間近．

九月二〇日　夫が出張なのでだめ。
九月二三日　どうも天気が悪い。中止。
九月二七日　やっぱり天気が悪い。またまた中止。

おやおや、こんな調子であっという間に半月が過ぎてしまった！　気はあせるものの、こういうときに限って天候がぐずぐずと変わりやすく、はっきりしない。放野したあと最低二、三日は晴れの日が続いてほしいのだ。親バカと笑われそうだが、里親経験のある人ならみな同じ気持ちになるだろう。できるだけよい条件のもとで見送ってやりたい。しかし、九月も終りとなると、これ以上引き延ばすわけにはいかない。泣く泣く、家族全員が揃う休日という条件をはずすことにした。純粋にドラのためだけを考え、いつでも天候がよかったらすぐに決行することに決めた。

■――あっけない別れ

そして一〇月二日。からりとよく晴れ、まぶしいほどの青空が広がった。当分の間、この天気は続くという。よし、思いきって決行だ！

朝、水浴びをさせ、おめかし。一度ちょん切れた尾羽もきれいに整えてやる。一世一代の旅立ちなのだから……。その後、好物のミルウォームや果物をたっぷり食べさせ、当分エサが捕れなくても困らないようにする。はじめて一人暮らしをする息子に米やら缶詰やらいろいろ持たせるようなものだ。本当は二、三日分も持たせてやりたい心境だが、リュックをしょわせるわけにもいかないので、お腹の中に詰められるだけしかやれない。今からお別れだなんてことを何も知らず、いつものようにふりまわしつつガツガツと食べ物を口に運ぶドラをじっと見ていると、万感胸に迫ってくる。娘を嫁に出す父親の気持ちが分かったような気もするが、まあそれは大げさかもしれない。とにかくこれが見納めと思うと鼻の奥がツーンとしてくる。

名残はつきないが、いつまで見ていてもきりがない。昼ごろ小さなケージに入れ替えて、裏山に連れていった。ドラを迎えるかのように、オナガやヒヨドリやスズメたちの声が騒がしく聞こえている。エサが一番心配だったが、足元からはまだまだコオロギやバッタが飛び出している。チョウチョもトンボも飛んでいる。当分は困らないはずだ。

ドラが真っ直ぐに飛んでいった神社のご神木

前日の夜は雨だったので、足元はグチャグチャ。滑りながらもやっこらさと登っていくと、雑木林の入口に到着する。しかし、この季節は草がボウボウと生い茂り、林の中までは入れない。やむを得ず林の入口で放野することにした。そこから林の端の木立までは二十メートルほど。左側には畑があり、右側は胸まで来るほどの深いやぶで、その向こうは小さな神社があり、そこにもひとかたまりの杉木立がある。まわりに凶悪なカラスのいないことを確認して、ついに戸を開けた。

こわごわ出てきて、地面の上かまたはすぐ近くの木の枝に止まって、おずおずとあたりを見回すのではないか。その時に記念の写真を一枚……なんて考えていた私の思惑は、ものの見事にはずれてしまった。戸を開けるやいなやピューッと一直線に一番遠くの杉木立のてっぺんめがけて飛んでいってしまったのだ。あまりの素早さに、カメラを向けるどころかケージを下に置く暇さえなかった！

ドラにとってよほどうれしかったのだろう、しばらくオナガの声に交じってドラが高らかに歌う声が聞こえていたが、やがてそれも静かになった。「ドラちゃん」と数度呼んでみたが全く反応なし。十分ほど立ち尽くしていると、神社のご神木である杉の木のまわりを飛び回っている姿が見えたがそれも一瞬のこと。やはり写真は撮れなかった。ドラや、今まで育てた母としては、もうちょっとドラマチックな別れがしたかったよ。でもまあこれでよいのだろう。こんなにも力強く飛び立ってくれたことをうれしく思わなくちゃいけないのだよね。

前の日の夜、いつものように部屋を飛び回り、パソコンをたたく私の手をくちばしでつつき、肩にのり、耳たぶを噛み、そして彼はこう言った。

おいらさ、もうすぐ仲間のところに行くけどさ、
おいらのことを応援してくれたみんなに言ってほしいんだ。
たぶんおいらはみんなのこと忘れちゃうかもしれない。ごめんよ。
でも、みんなにはおいらのこと覚えていてほしいんだ。
だから、おいらたちが空を飛んでいるところを見かけたら、手を振ってくれって。
一番元気に飛んでいるのがおいらだよ。

パソコン大好きムクドリのドラ

たった一人の見送り。そしてあまりにもあっけない一瞬の別れ……。でもこれでよかったのだ。放たれてまっすぐに古くからの神様にご挨拶に行ったドラ。ご神木をしばらくのねぐらにお借りして、早く新しい環境に慣れて、強くたくましく元気にやっておくれ！

第3章

私はムササビのお母さん

わらフゴのへりの上に立つ．でも，まだふらついている．

■――わが家にムササビがやってきた

ドラを放野する前のことになるが、九月の中ごろ久しぶりにセンターに出かけた。夏休み中はずっとドラにかかりきりだったうえに、三人の子どもたちの面倒も見なければならなかったので、センターでのお手伝いは、ほぼ二カ月ぶりである。いつものように掃除、エサやりなどを手伝う。保護されている鳥獣の顔ぶれはまったく変わっている。もう繁殖の時期は過ぎているので、ヒナはあまりいない。

さて、この日、獣医のめぐみ先生は、またムササビを連れてのご出勤であった。今年二頭目である。ムササビの繁殖期は春と夏の年二回ある。最初の講習会のときにミルクを飲んでいたムササビは、春生まれの子で「ムー1」と呼ばれていた。めぐみ先生のもとで無事大きくなり、今はセンターのケージで放野までの日々を過ごしている。そして、今日めぐみ先生が連れてきたのは、七月末にまだ赤剝け状態で保護されたオスで「ムー2」と呼ばれている。なんともそっけない名前であるが、分かりやすいことこの上ない。もうだいぶ大きくなり、顔つきもしぐさの一つ一つもたまらなくかわいい。神様が創られた動物の中で、一番かわいいのではないかとさえ思う。いつまで見ていても見飽きない。

そのふわふわの綿菓子のような命に見とれていると、何気なくつぶやいためぐみ先生のひとこと

うちに来た当時のむー太.
上開きのケージの中に"わらフゴ"を入れて寝床にしていた.

が、まるでカミナリ様がどなったように私の耳に大きく響いてきた。

「今度の子は、誰かボランティアさんに育ててもらおうと思って連れてきたのよ……」

おおぅっ！　なんとこの子はこれから里子に出されるのか！　ああ、名乗りをあげたいよぅ、あげたい、あげたい、あげたい、あげたい……と私の心は早鐘のごとく踊り出してしまった。

しかし、一応は遠慮というものがある。いくらずうずうしい私でも、こんな〝みんなのアイドル〟なんぞ、ほかの先輩がいない間に持っていってしまったら先輩に悪い。しかし、しかしである。とうとう私は自分の欲望に打ち勝つことができなかった。先輩への義理よりも目の前のムサ公を選んでしまったのだ。おそるおそる

「あのぉ……私じゃだめ？」

とめぐみ先生を見上げる。少女漫画のごとく目に星を入れて、キラキラお目々でウルウルと訴える作戦である。幼子が母親にモノをねだるときに使う〝まなざし攻撃〟だ。ちなみにわが家の末っ子はこのウルウル攻撃が得意で、私はいつも負けてしまうのだ。それはともかく、一瞬めぐみ先生は不安そうな顔をしたが、さすがに肝っ玉の据わった人だ。なんと

「いいよー」

と言ってくれたのだ。そんなわけで思いがけず、わが家の二代目里子としてムササビを預かることになった。

里子はあくまでも自然からの預かりものであり、ペットではない。だから本当はそんなに大喜びしてはいけないのだ。野生動物を扱うプロになると、「かわいい」という言葉さえなるべく使わないようにしている人もいる。名前も付けないという。そう、それは確かに一つのやり方なのだろう。その意図するところは、私も十分に分かるつもりだ。ただ、かわいいと感じるのは人間の感情だから、未熟な私には抑えることはできない。名前もあったほうが呼びやすいから付ける。それだけのことだ。ただし、いくらかわいいと思っても、扱うときにはペットとしてではなく、野生動物として扱う。頭の中でかわいいと感じ、言葉に出して「かわいい」と連発しても、だからといって手乗りにしたりベタ馴れ動物を作るつもりはない。それさえしっかり守れればよいのではないかと、私は思っている。

わが家に来た当日．先輩里子のドラにもご挨拶．

と、開き直ってしまったが、正直に言ってこのときは本当にうれしかった。天にものぼる心地とはまさにこのことだろう。帰りの電車の中でも自然に笑いがこぼれてくる。それを隠そうとしてほっぺたをゴシゴシこする。なにやらふろしきをかぶせた大きなオリを抱えて、中年のオバサンが一人ニヤついてはほっぺたをこすっている……電車の中で私を見た人は、きっと背筋がゾッとしたに違いない。

家へ着くとみんな大騒ぎである。特にムササビやモモンガが好きで好きでたまらない上の息子はおかしかった。最初に「うぉーぅっ」と吠えたきり、あまりに喜びが大きくてそれを表現しきれずに、逆にカチーンと固まってしまった。興奮のあまり、ただ口をパクパクさせ、わー、わーとしか言えなくなっている。ペットじゃないんだからねと、子どもたちにも釘をさしたが、子どもたちもドラのときで扱い方は十分心得ている。その点は私も信用している。まあ、初日の喜びはしかたないだろう。私でさえあれだけうれしかったのだから。

ひとしきり興奮がおさまると、早速名前付けである。これがなかなか決まらない。鳥ならばお菓子の名前と決まっているのだが、獣にはそういう規定はない。今まで「ムーちゃん」とか「ブーちゃん」(ムササビの赤ん坊はブーブーと鼻をならす)と呼ばれていたので、それを尊重したいと思ったのだが、それぞれに勝手なことばかり言っていて、全然決まらない。「ムササビ太郎」とか「コーちゃん」とか、はては名前付けに妙な情熱を持っている下の息子が「脇の下源五郎」などというけったいな名前さえ持ち出した。これには大笑いであったが、しかし、このかわいらしいムササビに向かって「おおい、源五郎や、脇の下源五郎やーい、おいで」などと呼べるものか!

こういうときは、私の意見を強引に通すしかない。

「じゃ、いいよ。みんなそれぞれ自分の好きな呼び方で呼ぶことにしよう。お母さんは〝むー太〟って呼ぶからね」

これで決まりである。みんな最初だけは自分勝手に呼んでいるが、三日もすれば自然に私の呼び方になってしまうのだ。ドラのときと同じである。かくしてわが家にやってきたムササビ君は「むー太」と呼ばれることになった。

小さくても飛膜は一人前．入れてあるドングリはまだ食べない．おもちゃがわり．

■――ムササビは妖怪？

ここで簡単にムササビのことを紹介しよう。ムササビは齧歯目《げっし》リス科で、リスの仲間である。大きさは鼻の頭からしっぽの付け根までが約三十～五十センチほど。それに三十～四十センチの太い尾がついている。体重は成獣で一キロ以上になる。一番の特徴は、前足と後ろ足の間にある飛膜である。これを広げて木から木へと滑空する。草食で、木の葉、花、実を主に食べている。

ムササビは地方によって、いろいろな呼び方で呼ばれている。「ノブスマ」「バンドリ」「オカツギ」「モモンガー」などだ。

「ノブスマ」は「野衾」と書く。「衾（ふすま）」とは、かけぶとんのことだ。飛膜を広げると、確かに上質の夜具のようだ。

「バンドリ」というのは「晩の鳥」から来ている。ムササビはもちろん鳥ではないが、夜行性であるから、たそがれどきの薄暗がりの中で木のてっぺんからふわりと飛び出す姿を見れば、昔の人が遠目で鳥と間違えるのも無理はない。

「オカツギ」は「尾をかつぐ」という意味である。むー太を見ていると、本当にいつでも自分の尾を肩や頭の上にかつぎあげている。尾はとても太くて長いのだが、それを器用に折りたたんでちゃんと肩の上におさまるようにしている。ときにはマフラーのように首に巻きつけていることもある。いつもかついでいたら肩が凝りそうだが、肩をもんでいるところを見たことはない。頭の上にのせているときもあって、そんなとき正面から見るとチョンマゲのように見えておかしい。ときにはかついだ尾を自分で抱えて毛づくろいしたりしている。「オカツギ」とはよく言ったものだと思う。

「モモンガ」というのは、実際にいる動物である。ムササビとよく似ており、やはり飛膜を使って空中を滑空するが、ムササビよりずっと小さい。しかし、ムササビのことを「モモンガー」と呼ぶ人は多いらしい。資料を見ると、どういうわけかムササビの別名としての「モモンガ」は、「モモンガ」ではなく「モモンガー」とか「ももんがぁ」などと伸ばしているものがほとんどだ。

そして、昔は妖怪として恐れられていたらしい。山道を歩いていると「ももんがぁ」がふわりと人の顔に張り付いて、呼吸ができなくなるようにして殺してしまうというのだ。濡れ衣もいいとこ

針のない注射器を使ってミルクを飲むむー太

ろだ。ムササビの名誉のために言っておくが、ムササビは人殺しはしない！　まして妖怪ではない！　しかし、昔の人があのざぶとんのような姿を初めて見て驚愕したことは容易に想像できる。鳥でも獣でもない不気味な生き物と映ったとしても無理はない。そして、幼い子たちが危険な山へ行かないように、ムササビを妖怪にしたてて諭したのだろう。

さて、わが家に来たころのむー太は、まだミルクだけを飲んでいるほんの赤ちゃんだった。拾われたのが七月二七日。このときで生後十日前後と推測されている。それからわが家へ来るまでの四十日ほどは、めぐみ先生がご自宅で大切に育てていらっしゃったのだ。生き延びられるかどうかのむずかしい時期はもう過ぎている。でもまだしぐさは本当に子どもっぽく、自分のしっぽを抱えあげてうしろにひっくり返ったり、あくびをした拍子にしゃっくりが出て、その音に自分で驚いたり、足を投げ出して腕枕をして眠りこけていたりと本当にオチャメであった。こんなむー太の里親としての私の役目は、主に離乳をうまく進めることである。好き嫌いなく何でも食べられるようにしてやらねば野生では生きていけない。

ミルクは哺乳びんではなく、針のない注射器で与えている。そのほうが量の調節がしやすいのだ。それにメモリが細かくついているので、飲んだ量をきちんと測定できるというメリットもある。ミルクの量、ミルクのほかに食べたもの、体重の変化、排泄の状態、その他できるだけ詳しい記録を残しておくことにした。ムササビの赤ん坊は、この年はたまたま二頭来たが、そうそう来る動物ではない。正式にボランティアに里子に出されたのもむー太が初めてらしい。幸い私は記録などをまとめるのはけっこう好きなので、それだけはきちんとやっておこうと決意する。また次の機会に誰かが育てるとき、きっと参考になるに違いない。めぐみ先生も気をきかせていろいろな資料を集めてくださったので本当に助かった。

むー太を抱っこして注射器でミルクをやっていると、わが子を抱いて母乳を与えていたときのような幸せな気分になる。全身を預けきった、いたいけな様子を見ていると、私が守ってやらなくちゃという母性本能がムクムクと目覚めてくる。この子はどういう理由か、母親とはぐれてしまった。一番親を必要とする時期にだ。かわいそうに……。細心の注意をはらってミルクを飲ませるが、そ

排泄はまだ一人ではできない.

れでもつい勢いあまってブホッとむせて、鼻からミルクを噴き出したりすることがある。やはり親のようなわけにはいかない。でも、一生懸命「お母さん」になってやるからね、むー太。

むー太は最初のうちは、どうもミルクの飲みが悪かった。こんなに小さくても環境が変わったことを敏感に感じて、それがストレスになっているのだろうか。早くわが家に慣れておくれ。

ミルクを飲み終わったら今度は排泄である。まだ自分でフンや尿を出すことはできない。性器の周辺を指先で刺激してやるとチョロチョロとオシッコを出し、ついでにポロポロとフンも出てくる。このフンがけっこうおもしろい。ミルクだけの時は黄土色の直径二、三ミリの丸いツブツブである。そのうち離乳が進むとこれが真っ黒になり、直径も五ミリ前後と大きくなる。といってもなかなか想像してもらえないだろう。雰囲気はオシロイバナの種をギュッと小さくした感じである。ほとんど真っ黒であるが、ときに少し茶色っぽくなることもある。パラパラと固いので始末はとても楽だ。においもあまりない。ハムスターなどを飼っていると、においに悩まされることがあるが、ムササビはよほど鼻を近づけなければ分からないぐらいなので、こまめに掃除をしていればまったく臭くない。また、野生のものは知らないが、むー太に関するかぎり体臭もまったくない。ほのかにミルクの香りがするだけで、しいていえば赤ちゃんのにおいなのである。

むー太のフン．これはもう大きくなってからのもの．

■――離乳食に挑戦

さて、そろそろ本格的に離乳食を開始しなければ。まずは柔らかくて甘いバナナからいってみよう。厚さ三ミリほどの輪切りにしてむー太の鼻先に突き出す。無反応。それどころか手でパシッと払い落とした。無理もないか、初めてなのだから。バナナが食べられるなんて想像さえできないのだろう。なんだ、いきなり人の目の前にじゃまなものを突き出して……と思ったに違いない。

そこでわが子に離乳を開始したときのことを思い出してみる。卵の黄身やカボチャなんぞを裏ごししてスプーンで口へ……。そうだ、口の中に入れてやればいいのだ。しかし、当然スプーンで押し込むわけにはいかない。バナナをさらにつぶし、それをミルク用の注射器でやってみようと思ったが、あまりうまくいかない。注射器の口が細すぎるのだ。そこで鳥の育雛用のスポイトを使ってみるが、これも思ったほどうまくはできない。結局指先に塗りつけてそれをむー太の口元にこすりつけてやった。ペロペロとなめているうちに味を覚えるだろう。

この作戦はうまくいって、二、三回くり返すと、バナナをおいしい食べ物だと認識したようだ。スライスを少しずつかじるようになってきた。

ついには両手で持って、一枚全部を食べられるようになった。リスがよくやっている格好である。初めてこのポーズを見たときは、感激であった。しかし、クッチャクッチャ、ペッチョペッチョとものすごい音をさせる。食事中の音に厳しかった私の母が見たら卒倒するかもしれない。

バナナに慣れたら次はリンゴに慣らそうと思ったのだが、これはなかなか難しい。バナナほど簡単には食べてくれない。そこで親になったつもりで目の前でかじってみせた。もちろんむー太の真似をして後ろ足?で座り、両手でリンゴを持って前歯でガジガジとかじってみせたのだ。こんな格好は家族には見せられない。しかし、私がこんなに苦労しているのに（まあ、むー太の真似をするぐらいたいした苦労ではないが……）、彼はなかなかこっちを見ていてくれない。彼の目の前に座っ

ナシを食べるむー太.

て見せるのだが、プイッと横を向いてしまう。やはり醜悪なものは見たくないのか。それでもどうにか親の熱意が通じたらしく、あるとき急にリンゴも食べるようになった。ドングリやクリ、ヒマワリの種なども、最初はカラをむいて与えていたが、しばらくするうちに自分でカラをむくことを覚えた。葉っぱや木の枝にも挑戦し、食べられるものの種類は日増しに増えていった。

■——むー太、飛んでごらん

親の真似はほかにもある。ムササビといえば飛ぶ。正確には滑空だが、まあこの際飛ぶと言っておこう。ムササビは飛ぶ。飛ばなければムササビではない。ものの本によれば、ある程度大きくなると親が飛んで見せてそこから子どもを呼び、子どもは親の飛ぶのを真似て飛ぶことを覚えるのだそうだ。鳥と同じだ。どうしても飛べないと、親はまた子どものそばに戻り、やさしく首回りをなめてやったりして励ます。そして再び飛んで見せるとたいてい飛ぶなどと麗しい親子愛が描かれている。うん、何ごとも愛あるのみだ。

むー太はほんの二十センチほどの高さから飛び降りるときでも、飛膜を一人前に広げる。膜を広げることは本能でできるのだろう。前足が後ろ足より短いが、前足の手首（いや、足首か）のところについているカーブした軟骨を、空中に飛び出した瞬間にピッと横に広げるのだ。そうすると前足と後ろ足の長さがだいたい同じになり、ほぼ正方形のざぶとんが完成するというわけだ。むー太のは、まだまだ飛んでいるとは言いがたい。ただ、ひざの上から一メートルほど先の床に飛び降りるだけだが、そのときにも飛膜を瞬間的にパッと広げるのだ。床に座って腕に乗せていると、何とか飛び降りる。しかし、いすに座った高さからだともうだめである。本人は飛び出したいらしく、さかんに首を上下させてタイミングをはかっているが、最後の勇気が出ないらしい。これは先ほどの「親の愛」の出番だろう。

この訓練は、ムササビ大好き息子が喜んで担当してくれた。まず私の腕にむー太を乗せて一メートルほどの高さにする。むー太は飛び出そうか飛び出すまいか迷って、さかんに首を上下させている。息子は肩にバスタオルをはおり、その先を両手で握ってむー太の横にスタンバイ。そして部屋の反対側から下の息子が

空中に飛び出した瞬間．この直後に足を広げ“ざぶとん”を完成させる．

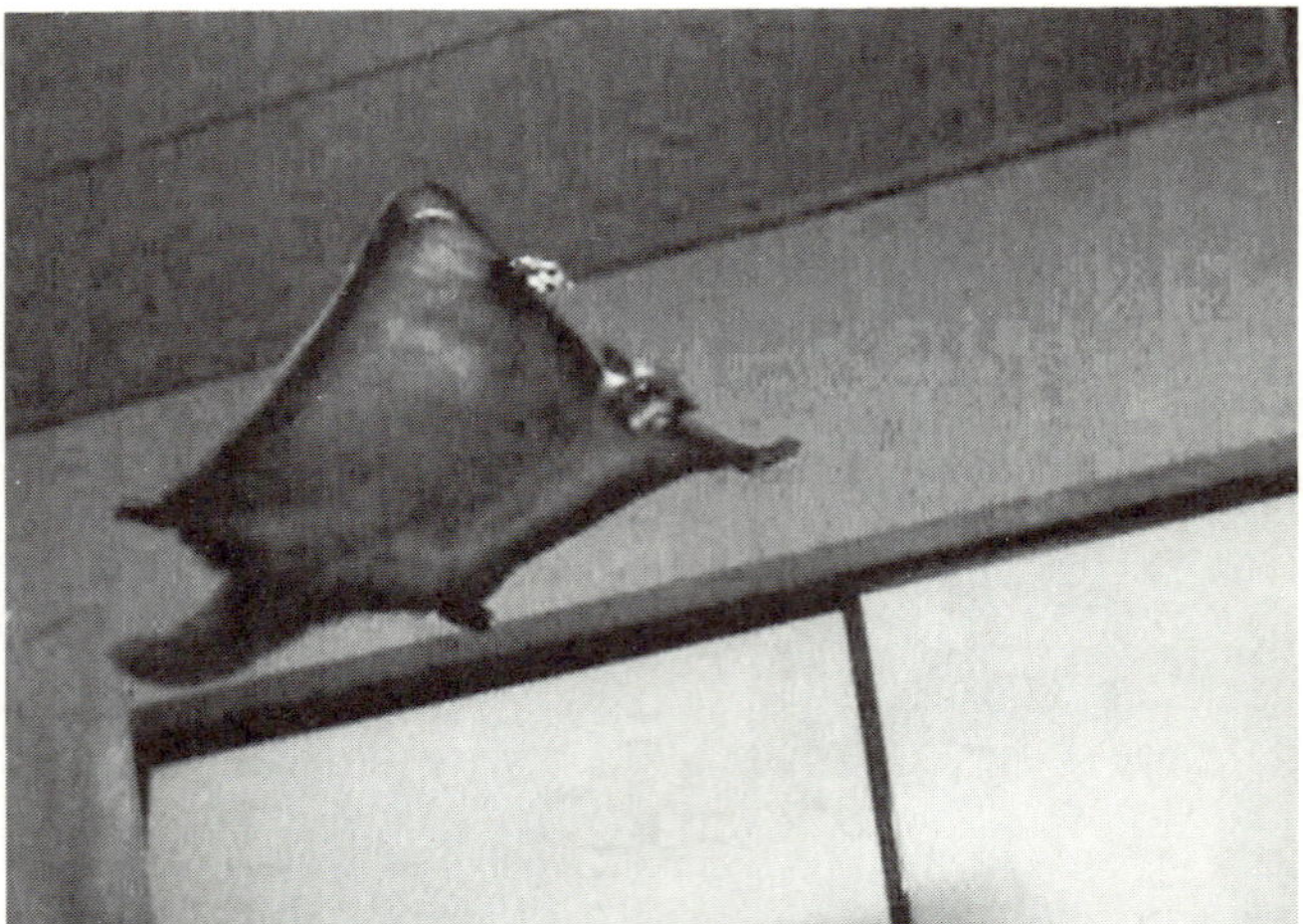

前足首の軟骨を張り，きれいな“ざぶとん”が完成した．

下から見たところ．床に寝転がって撮った．

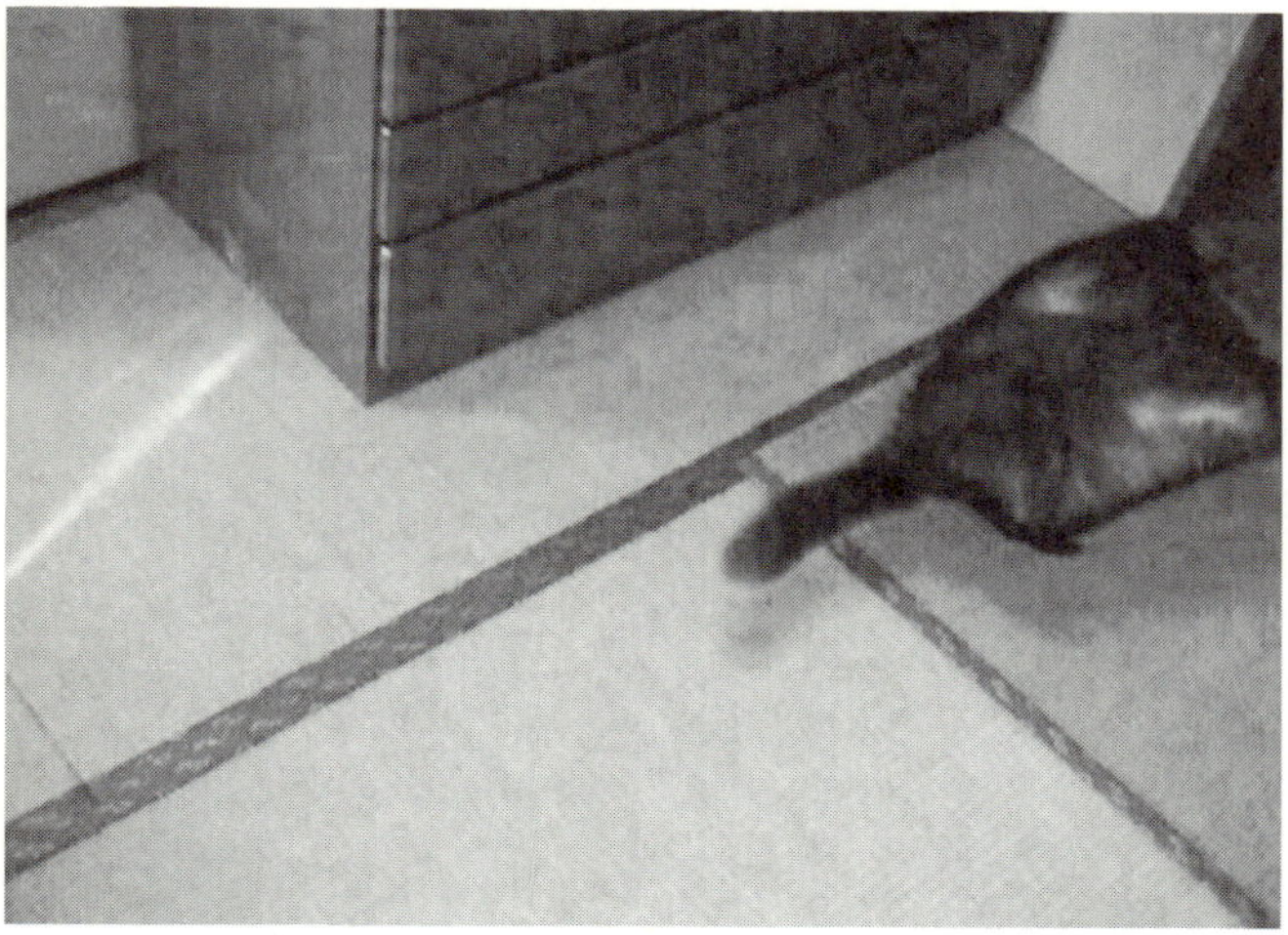

上から見ると飛膜の部分は薄いので，白っぽく見える．
いすの上から撮った．

「むー太、おいで」

と呼ぶ。その瞬間、息子がバスタオルを両手でパッと広げて思いきり飛ぶのだ。その姿はむちゃくちゃおかしい。隣にムササビがいなければ見られたものではない。しかも真剣そのものでやっているからなおさらおかしいのだが、笑ってはかわいそうだ。必死で唇をかみしめてこらえる。

この子は体操をやっているから、ジャンプ力はけっこうある。それで一気に下の息子の足もとまで行き、ついでにゴロニャンと甘えてみせる。下の息子も調子にのってよしよしなどと兄の頭をなでてやる。むー太はじーっと見ている。そこでもう一回チャレンジだ。本に書いてあったようにむー太のそばに戻って首回りをかいてやりながら、大丈夫だよ、勇気を出そうねと声をかける。それでもう一度息子が飛んで見せると……飛んだ！　本当に息子につられるように、あとを追って飛んだのだ！

息子は得意満面。

「よしよしむー太、よくがんばったね」

と、みんなになでてもらって、むー太もうれしそうであった。

それからむー太の飛行能力はどんどん伸びて、しばらくすると一番高いパイプハンガーの上から、部屋の反対側の隅まできれいにピューッと飛ぶようになった。しかし、やはりこれは飛び降りているのであって、風にのって滑空しているわけではない。それには距離が足りなさすぎる。本格的な滑空は、自然の中で身に付けるしかないだろう。しかし、むー太なら大丈夫。きっとスーイ、スーイと見事な滑空をするようになるだろう。

■——むー太の木

滑空と同時に木登りも、もっともっと体験させてやりたい。そう考えた夫と私は、むー太に少し大きめの木を進呈してやることにした。上り下りの練習をいっぱいして、少しでも野生に近い状態にしてやりたいと思ったのだ。たかが部屋の中の一本の木ぐらい、何ほどの役に立つものかという気もしないでもないが、これは里親としての気持ちの問題である。

裏山に分け入り、手ごろな木を探す。もちろん切り倒すわけにはいかないが、直径十センチ程度の木は、けっこうごろごろと落ちているのだ。おあつらえ向きの太さ、長さのものがあったので、夫と両端を持ってやっこらさと運ぶ。わが家はマンションの二階だから、運び込むのも一苦労である。やっとの思いで持ち込んだ木を、夫がベランダで加工しはじめた。ややあって夫の叫び声。何ごとかと思うと、ベランダにはアリの大群が！　なんとその木はアリの巣になっていたのだ。

これはたまらない。すぐに捨てに行くことにするが、アリたちはパニック状態で右往左往している。その辺をやたらに走り回っているヤツもいれば、これぞにっくきかたきとばかりにこっちをにらみつけているヤツもいるし、勇気のあるヤツはこの太い足に登ってこようとして汗をかいている。

やっとの思いで据え付けた“むー太の木”

大変な騒ぎだ。やっとの思いで木をベランダから下へ投げ落とし（いささか乱暴なようだが、ベランダのすぐ前は人通りの少ない遊歩道になっている。もちろん先に一人が下へ行って誘導した）、それを持ってまた山へ捨てにいった。

もうやめようかとも思ったのだが、何だか意地になってしまって、あらためてアリのいないものを探し、今度は無事にそれを部屋に据え付けた。見事なできばえに大満足である。むー太もこわごわ登ったり降りたりしている。

ところがこんなに苦労した〝むー太の木〟も、わずか数日しかもたなかった。乾燥するにしたがって木が縮んでしまったらしい。ある日ちょっと触っただけで、パタッと倒れて、しかも折れてしまった。また山へ取りに行く意地も気力ももう残っていなかった。まあ、かなり部屋の中を縦横無尽に駆け回るようになっていたから、それでよしとしよう。

■——傷だらけの人生

動物でも鳥でもそうだが、部屋の中で放すときは、細心の注意が必要だ。

部屋を汚されるといった人間側の都合ばかりでなく、小動物にとって人が生活している部屋というのは、実は生きているのが奇跡といっても過言ではないほど、危険に満ちた空間なのである。私が身近に知っている話だけでも、「熱いなべに止まって火傷をし、足が棒のようになってしまった手乗り文鳥」「洗濯機に落ちて溺死したセキセイインコ」「棚が倒れてきて足を骨折したウサギ」「子どもが追いかけてバケツをかぶせたら、運悪く尻尾がはさまってちょん切れてしまったシマリス」などがある。そういうわが家でも実は数年前に悲しい体験をしている。しばし懺悔を聞いてほしい。

当時わが家には四羽の手乗りセキセイインコがいた。親が二羽にそのペアが産んだ子どもが二羽であった。鳥好きの長女がよく世話をした甲斐があって、とてもよく馴れていた。あるときみんな部屋の中に放してやっていた。彼らはそれぞれ人間にまとわりついたり、その辺で遊んだりしていた。いいかげん遊ばせて、さてカゴの中に戻そうとすると、一羽足りない。部屋中どこを探してもいないので、やむを得ず捜索を中止した。窓は閉まっていたはずだが、もしかしたら気付かないうちに窓が開いた瞬間があったかしら……などとさえ考えた。

ところが、それから二日後、掃除をしているときに意外なところから発見された。私の座いすの下であった。後ろにあったものを取ろうとして、ちょっと横着をして座いすを持ち上げ手を伸ばしたのだ。そのとき下に入り込んでしまったに違いない。もちろん気の毒なことにペッタンコになっており、当然もはや息はなかった。人間のお尻の下敷きにして死なせてしまうなんて、本当にかわいそうなことをした。飼い主失格である。

ほかにも、観葉植物には毒性のあるものもあるし、電気コードなどをかじってしまうこともある。これは動物が感電するだけでなく、へたをすると火事の原因にもなりかねないので一番こわい。また、小さな鳥のヒナなどがタンスの裏へ入り込んだら、タンスをどかさない限り自分からは出てこない。とにかく動物を部屋に放しているときには目を離さないことが原則であろう。

むー太も部屋に放すときにはずっと見ている。なにしろ上も下もタンスのうしろも自由自在に飛びまわるのだから、追いかけるのも大変なのだが、見ていないと何をするか分からない。ふつうなら届かないようなところでも垂直に登れるし、どこにでも飛べるとなれば、部屋の中で行けない場所などほとんどない。あちらで柱をかじっていたと思ったら、次の瞬間には反対側の壁をスルスルッとかけあがり、私の後頭部めがけて飛んでくる。

ところで、ムササビの爪は前足が四本ずつ、後ろ足は五本ずつで、全部で一八本ある。それが非常に鋭い。鋭利なカミソリのようにとがっている。なにしろどんな木でも垂直にかけ登り、かけ降りることのできる爪である。よくひっかかるようにできているのだ。おかげで私と夫の手も足も傷だらけになった。まだ夏だから半そでに半ズボンというい〔で〕たちでいたのだが、たちまち腕も足も血を噴き出した。壮絶なミミズ腫れである。

あるときなど、むー太がクーラーの上から夫の肩めがけて飛んだ。そのとき後ろを向いていた夫は、そんなこととは知らず、たまたまその瞬間振り向いたので、顔で受け止めるはめになってしまった。伝説の妖怪さながらに、顔のど真ん中にペッタリとムササビが張り付いた！　あまりのおかしさに、気の毒と思いつつも笑い転げていたのだが、夫のほおには三本ほど長いミミズ腫れが残った。こんな顔で出勤したら、みんな夫婦げんかだと思うに決まっている。誰がほおの傷を見て「ああ、ムササビに引っかかれたんだな」と想像するだろうか？　そんな人、いるわけない！　私は「顔の傷はムササビが原因です」と書いたプラカードを下げて歩いてくれと頼んだのだが、却下されてしまった。おかげで私は恐ろしい奥さんとして夫の職場で悪名を馳せているに違いない。むー太よ、どうしてくれる?!

こんなむー太の爪が、一度折れてしまっ

むー太に行けない場所はない．
壁をするするっと登り，タンスの裏から顔を出す．

曲がって，腫れ上がったむー太の指．（右から２本目）

たことがある。爪というより指そのものが曲がってしまったのだ。朝起きて、ミルクを飲んでいるときに気付いた。どこかに引っ掛けたか、はさんだかしたのだろう。太く腫れ上がり曲がってしまっているのだ。本人はケロッとしていたのだが、こちらは大慌てである。なにしろ大事な大事な預かりものである。あわてて野生動物を診察してくれるという獣医さんを探して見てもらったが、治療はしなくてもよいということでホッとして帰ってきた。確かに指は曲がっていたが、いつもどおり走り回れるし、バナナも持てているので心配はないのだろう。それでも指は曲がったまま固まってしまった。後悔してもしきれないが、このような失敗も今後のために生かしていきたいと思う。

■――虫の知らせと原因不明の発熱

一一月一四日。かなり気が早いが年賀状の準備を始めた。いつもギリギリになってしまうので、今年こそ早めに作るぞと固く心に決めていたのだ。インターネット仲間も増えたので葉書用とメール用の二通り作る。メール用のほうはむー太をモデルにすることにした。末っ子が七五三の時の羽織袴の写真に、むー太の顔と手を合成して、〝正月の晴れ着を着たむー太〟を作成する。大笑いの大傑作ができあがったが、まあ、よく見るとかなり不気味なシロモノだ。

次の日は日曜日。夫と二人で裏山に、むー太の食料となる葉っぱや寝床に敷くスギの皮などを採りに出かけた。裏山に行くとドラはいないかなと、二人ともキョロキョロしてしまう。ドラのこと、むー太のこと、センターにいるいろいろな動物たちのことなどを話しながら、せっせと落ちているスギの皮やドングリ、新鮮な葉っぱなどを集めていた。その帰り道、むー太の話をしていたとき、急に何か言いがたい不安が胸をよぎった。後から思えばあれが虫の知らせというものなのだろう。なぜかしきりに、むー太に何か悪いことがあるという予感がしたのだ。「むー太も元気で年を越してくれなくちゃね。今何かあったら、せっかく作ったむー太の年賀状、使えなくなっちゃうもんね」と笑ってそんな心配を振り払おうとしていた。ところが、この嫌な虫の知らせは、すぐ次の日、早くも現実のこととなった。

一一月一六日、朝。いつものようにむー太におはようと声をかけるが反応がない。いつもなら気配を察しただけでフゴフゴと鼻をならしながらすり寄ってくるのだが、ケージのとびらを開けてもまだ寝ている。そっと出してきて排尿させるが明らかに元気がない。抱いたときの感触が微妙に違うのだ。なんとなく鼻がいつもよりかわいているし、毛もパサついている。それでも少し歩き回り、ミカンとクスノキの葉っぱを食べている。シロウトの私には病気かどうかの判断がつかない。おかしいとは思うものの、希望的観測で単に眠いだけなのかもしれないとも思う。もう少し様子を見ることにする。ヒヨコ電球で暖めて静かに眠らせる。昼ごろ、相変わらずトロトロと寝てばかりなので、やはり心配になってセンターのめぐみ先生に電話を入れておく。四時ごろになったが一度も起きてこない。これは明らかに異常である。様子を見ようと思って起こすと、朝よりさらに元気がなく、ぐったりしている。もうこれは迷っている場合ではない。センターに連れていこうかと思ったが、遠いし、医薬品や設備は不十分である。そこで指がおかしくなったときに一度お世話になった獣医さんに連れていった。ここの先生はご自身も野生動物をいろいろ保護しておられ、経験豊かである。安心してお任せできる。体温を測ると三八・九度。平熱が三八・五度前後らしいので、やや微熱がある。しかし、肺の音に異常はないし、持っていった便にも異常はなかった。風邪の症状も出ていないので、発熱の原因は不明。ブドウ糖とビタミン剤と抗生物質を注射し、様子を見ることに。私は自分で看護をする勇気がなく、ふがいなくも入院をお願いしてしまった。先生は快く引き受けてくださった。

昨日まではあんなに元気だったのに、まさに晴天のヘキレキである。毛をパサつかせてふーふーあえいでいるむー太を見るのは非常につらい。腕のよい獣医さんにお任せしてきたものの、やはり最終的にはむー太の生命力だけが頼りなのだろう。帰ってきても何も手につかない。食事の支度をしながらもボーッと考え込んでしまう。テレビを見る気にもなれないし、子どもたちの話にも笑うことができない。第一、子どもたちもむー太を心配して静かである。まるでお通夜のようにつらい一夜となった。

次の日、朝一番に面会に行く。病院に着くとちょうど治療をするところだった。状態は昨日よりさらに悪くなっていて、夕べはミルクも二口ぐらいしか受け付けなかったらしい。その他にはバナナを一切れかじっただけだそうだ。入れておいてやったクスノキにも全く口をつけていない。夜中には暖めているにもかかわらずガタガタ震えていたとのこと。シロウト目にも非常に深刻な状態であることが分かる。

きのうはまだ熱を測るときに抵抗していたが、きょうはその元気もなく、ぐったりしたままである。注射針を刺したときだけは、さすがに少し暴れ、ブーブーと悲しげに鳴いていたが、治療が終わるとまたすぐワラふごに戻って眠る態勢に入ってしまった。絶望的な気持ちになる。

帰ってきて空っぽのケージを見ると泣けてくる。涙を流しながら、むー太は今懸命にがんばっているのに、私が泣いていてどうすると、気持ちを奮い立たせる。それでもやはり何も手につかない。たまたま私の仕事が入っていない時期だったのが幸いだった。さもなければ締切日に間に合わなかったか、質の悪い仕事になってしまっただろう。

■――めぐみ先生の飼育メモ

一日中むー太のことが頭から離れない。うちに来る前のむー太の写真や飼育メモをぼんやり眺めながら座っていた。その写真や飼育メモは、むー太の〝初期母〟であるめぐみ先生からいただいたものである。ここに転載させてもらう。

センターに持ち込まれた当日（7月27日）．生後約10日と推定される．（自）

7月28日　体重85g

うちに来る．へその緒がとれたばかりだろうか，臍《さい》帯の跡がまだみられるし，臍部は盛り上がっている（いわゆるデベソではない）．ディスポ（筆者注：針のない注射器のこと）になじめず，ミルクがうまく飲めないが，なんとか2ml飲ませた．被毛は数ミリの長さで生えているが，まだ寝ている．また，腹側は無毛でピンク色の地肌が丸出しで，しっとりした質感．歯は上下ともまだ出ていない．目は開いておらず，眼球のところだけが浅黒く出目金のようにでっぱっている（ブキミ！）．いっちょまえに鳴き声だけは，いわゆるムササビ声だ．プルプル震えながら這いずり回ることができる．耳の穴はできておらず，アップリケをつけたように外耳がくっついているだけ（頭の横に肉のヒラヒラがくっついている感じ）．糞は母乳が残っているのだろう，まだ黒い．外気温はかなり高いので，積極的に保温はせず，ふごの中に入れておく．

7月27日．（自）

7月29日　体重83g

少し落ち着いたか．ときどきチュパッとディスポを吸ってくれることもあるが，やはり飲みにくそうだ．でも，哺乳瓶のゴム乳首は乳量の調整が微妙だから，誤飲を防ぐためには，小さいディスポで人が加減しながら与えた方が良いように思う．ミルクは1日7～8回を目安に一回2mlは飲んでもらうことにする．糞はまだ黒っぽいが，だんだん色味が薄くなっている．明日ぐらいには例のごとく黄色くなるのではないだろうか．

7月30日

糞，黄色になる．ポロポロといい状態である．同じ人工乳あげてても，ラビ3は（筆者注：ノウサギ）は真っ黒いのしてるのに，変なの．

7月31日

ディスポにもだいぶ慣れてきたようだ．一度に3mlぐらい飲むようになる．まだミルク濃度が決定できずにいるが，夜中12時のとき

8月3日．生後約17日．
お腹の真ん中に黒くホクロのように見えるのがへその緒のあと．（め）

の排便では，糞が白いクリームチーズ様になってしまった．ミルク濃度が濃かったか？

8月 1日

ミルク1回あたり4ml近く飲ませているが,やれば一度にもっと飲むのだが……おなかに毛がないから,飲んだミルクが透けて見える．一度，好きなだけ飲ませてみたが，胃がパンパンになって，血管ビシビシに浮き出てしまうし，次のミルクのときにも大分前回のミルクが残っているようなので，ある程度の量で切り上げている．まだ,目は開かないながらも，ディスポをつかんだりするようになる．

8月 3日　体重105g

がんばっている．今日で1週間．あと，もう1週間頑張れたら，この子は大きくなるまで無事に育ってくれるだろう．ミルクの1回量を4～5mlに増やす．耳は日に日に筋ができ,溝ができ……で今日あたりは内耳へ通じる外耳道もはっきりしてきた．音に反応して耳を動

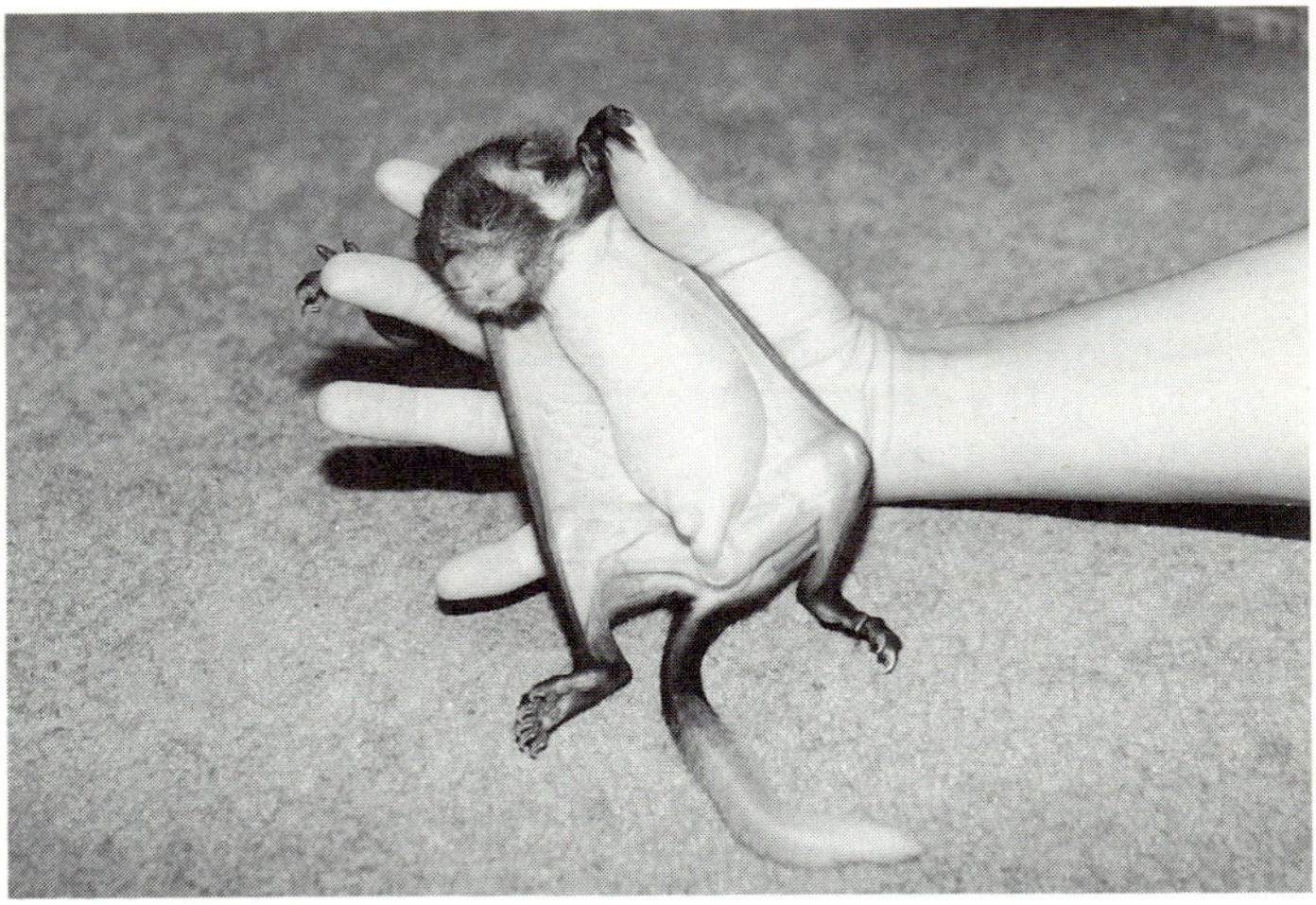

8月11日．生後約25日．目に切れ込みが入ってきた．この2日後に開眼．
お腹にもうっすらと毛が生えてきた．（め）

かすことは，まだできない．痒いところがあると，足でボリボリかけるようになる．写真を撮る．

8月 5日　体重123g

8月 6日

目は開かないが，まばたきや上下左右へと眼球運動がみられるようになった．ミルク1回量6～7mlに増やす．

8月 7日

下の歯が出てきた．おなか側にもうっすらと毛がはえてきた．

8月 8日　体重138g

8月10日　体重155g

両目，なんとなく目頭あたりにうっすらと切れ込みが入ってきたような……．外耳の溝などはさらにはっきりし，それに伴って外耳が折りたたまれてきた．より耳らしくなってくる．

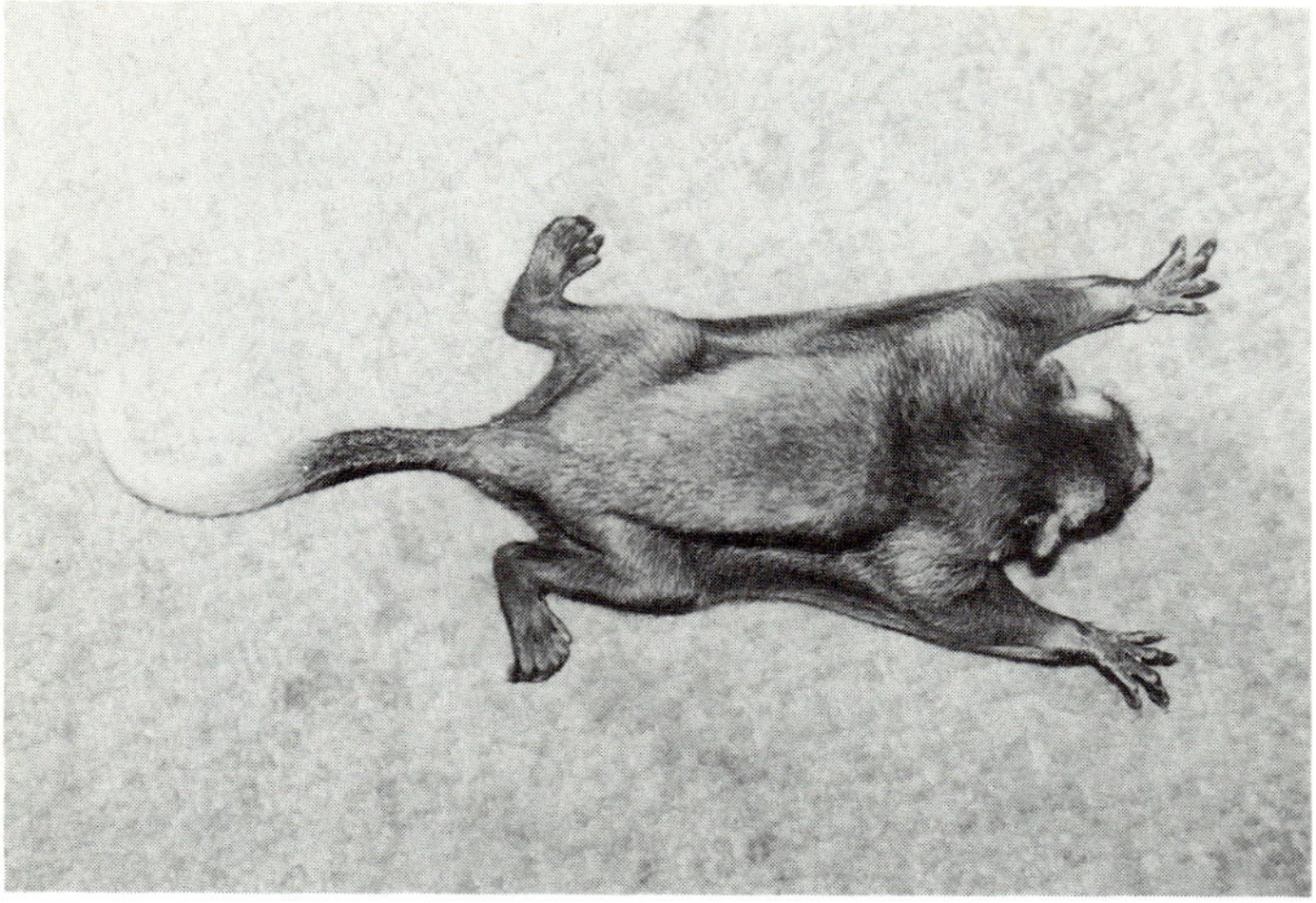

8月11日．生後約25日．（め）

8月11日

写真を撮る．

8月12日　体重162g

尾もミミズのようにコロンとしたものから，見てすぐわかる程度にまで平らになってきた．

8月13日

朝左目が，夜右目が開く！　ミルクは1回8～9mlに増やし，同時に1日7回から6回に回数を減らす．また，1mlのディスポから2.5mlのディスポに変えた．

8月14日　体重170g

体が大きくなったので，今までのふごでは窮屈そう．ふごを大きめのものに替える．暑いせいかおなかを上に向け，ふごの縁に手をかけて自分のオチンチンに顔をくっつけて寝ている．まるでのぼせたオッサンのようだ．上の歯はまだ生えてこない．音に反応して耳

8月20日．生後約34日．尾がしょえるようになり，
かなりムササビらしくなってきた．（め）

を動かせるようになる．被毛も伸びてフワッと立ってきた．

8月18日　体重200g

ミルク以外の時も，ときどき起きては自分で毛づくろいなんぞしている．歩き方はまだハイハイ型で，ピョコピョコとびはねるムササビ走りができない．今いちまだ体重を支えるのもふらついている．また，尻尾を背中に乗せてやると，プルプル震えながらも少し尻尾を背負うポーズが維持できるようになった．ミルク1回量は10mlで，1日5回にする．

8月20日

写真を撮る．

8月21日　体重220g

8月22日

上の歯，1本だけほんの少しだが頭をのぞかせている．2本セットで出てくるとはかぎらないのかなー．

8月30日．生後約44日．めぐみ先生は子連れでご出勤．
朝，事務所の机の上で，授乳と排泄をしていたそうだ．（め）

8月27日

ミルクは1日4回に．1回13～15ml飲む．上の歯はついに両方出た．日中よく起きて一人で遊んでいる．

8月28日　体重270g

ムササビ走りができるようになる．好奇心旺盛で，隙間をみつけてはどんどん入っていく．今日はムー1もお気に入りだったタンスの下へ入り，うまいこと裏からタンスの引き出しの中へ収まる．洋服の間で寝る．ムササビの考えることなんて，どいつも似ているんだな…….

生まれたてのむー太は、このようにめぐみ先生の豊かな愛情と経験のお陰でここまで大きくなれたのだ。当時の写真を見ると、なんと頼りない命であったことか。それを、大変な苦労を重ねてめぐみ先生がここまで大きくしてこられたのに。私を信頼して預けてくれたのに……。そういえばめぐみ先生があるときおっしゃったことがある。ムササビは保護されてから二週間生き延びられれば、無事に大きくなる確立は八十パーセント以上だと。むー太は二週間どころか、一カ月以上もたっており、もう十分に大きくなっていたのだ。やはり何の知識も経験もない私が、ただ「やってみたい」というだけで預かってきてしまったのがいけなかったのだろう。そう思うと、自分の思い上がりが腹立たしく、そしてむー太にも申し訳なく、また涙が出るのだった。

いつの間にか夕方になってしまった。いつまで写真を見つめていてもきりがなく、私はようやく重い腰をあげて夕食の支度にとりかかった。

その夜はしし座流星群が見られるという。本当は何をする気力もなく、気分も乗らなかったのだが、流れ星は願いごとをかなえてくれるはず、こんなときはもう神頼みしかできないのだからと思い直し、夫と私とムササビ大好き息子の三人で夜中に見晴らしのよい駐車場まで出かけていった。娘は勉強があるのでベランダで見るそうだ。末っ子も起こしてくれと言っていたが、さすがに起きられなかった。駐車場で空を見上げていると、華麗な天空ショーが始まった。予想したほど数は多くはなかったが、それでもいくつもの大きな流れ星が次々と尾を引いていった。しばし心配を忘れて見惚れていたが、我にかえり、ひたすらむー太の回復を祈りつづけた。

■――むー太、奇跡の回復！

そして、流れ星たちはその願いを聞き届けてくれたのだ！

次の日、病院に行くと、もうむー太の治療は終わっていたが、上向きになってきているとのこと。食欲が出てきて、ミルクを一〇ミリリットルとバナナを二切れ、カキを一切れ、それに葉っぱを十枚ほど食べたということだった。熱も下がり始めていて、動きも少し出てきたとのうれしい報告であった。でも、念のためもう一日入院させてくださるそうだ。どうか、どうかこれが一時的なものではなく、本当の回復の兆しでありますように。

四日目、ムササビ大好き息子は今日から修学旅行で日光に行ってしまう。でも、内緒で違反のテレホンカードを持っていくという。どうするのかと思ったら、むー太のことが心配だから途中で電話をするからというのだ。その気持ちがうれしく、違反を承知でテレホンカードを持たせてやった。きっと退院できるよねと何度も聞きながら、彼は出かけていった。

彼を送り出したあと、走るように病院に急ぐ。よかった！　むー太の回復は本物だった。昨日よりさらによくなっており、動きも出てきているとのことで退院の許可がおりた。三泊の入院生活であった。昨晩は病院の院長先生ご自身が、近くの山までドングリの葉を採りに行ってくださったとか。よい病院に巡り会えて本当によかった。ミルクは五〇ミリリットル飲んだそうだし、果物や採ってきていただいた葉っぱも食べている。何度もお礼を言って病院をあとにする。

連れ帰ってからもミカンやヒマワリの種を口にした。何よりうれしいのは、調子が悪くなってから初めて声を聞けたことだ。いつも人の姿を見るとブーブー鳴きながら出してくれと寄ってくるのだが、具合が悪くなってからはそれがなかった。病院へ会いにいったときも、注射をされたときは別として、一度も鳴かなかった。しかし、家へ連れてきてゆっくりあたりを見回し、落ち着いたところで初めて声を出した。それでなでてやるとだんだん分かってきたらしく、ブーブーと盛んに出してくれコールである。そこで、少しだけだよと言い聞かせつつ出してやると、私の肩に飛び乗ったあと、お気に入りの鏡台の下に行った。しかし、今日はゆっくり寝かせたかったので、排泄だけさせてすぐに小さめのカゴに入れ、タオルをかけ、保温しながらそのまま置いておく。

原因は結局分からなかったが、今まで使っていたケージは念のため熱湯消毒し、数時間太陽に当てた。いずれにせよ、あと一週間ぐらいはあまり暴れさせずにゆっくり養生させたい。

夜、息子から電話が入る。退院したよと言うと大喜びしていた。おいおい、あまりはしゃぐと先生に見つかるぞ!

■——おまるに座るムササビ

その後、むー太はしばらくビタミン臭かったものの、順調に回復していった。原因はとうとう分からずじまいであったが、元気になったのだから何も言うことはない。本当に胸の痛む思いであったが、生命力の強いムササビでよかった。

むー太は最初から一度もお腹をこわしたことがない。それも幸いしたのだと思う。一番ひどい状態のときでさえ、フンの状態は全く変わらなかったのだ。お腹が丈夫であれば栄養の吸収も効率よく行われるのだろう。去年保護されたムササビは、「下痢ピームササビ」とあだ名が付けられたぐらい、しょっちゅうお腹をこわしていたが、むー太は本当にいつも同じように上等のフンをしていた。そんなことも有難く思えてくる。

一二月の半ばには断乳を完了させることができた。どんどんいろいろな種類の食べ物に挑戦し、そして食べる量も多くなっていった。好き嫌いもせず、どんな葉っぱでもムシャムシャとよく食べてくれる。排便も自分でできるようになった。

排尿のほうは〝おまる〟ですることも覚えた。実はムササビの尿はけっこう色が濃く、また放っておくと当然ながらにおう。それに高いところで排泄する習性があるので、うっかりすると突然頭の上から黄色い雨やら黒いあられやらが降ってくることになる。

おまるに座って用を足す　むー太

一度、むー太お気に入りのパイプハンガーの上で排尿されてあせったことがある。何しろ安物とはいえ洋服がかかっているのだから、そこの上で排尿されてはたまったものではない。運良くパイプハンガーの上にはカバーをかけておいたので、被害はそれほどひどくはなかったが、こんなことが続くと大変だ。なんとか排尿だけでも決まった場所でやってくれないかと、ちょっとしつけをしてみた。

すると、むー太は賢く、二、三日でおまるで用を足すようになってくれたのだ。

おまるといっても、あのアヒルさんの頭の横に持ち手のついたかわいいやつではない。大型犬用の食器である。そこにちょこなんと座り、両手をふちにかけて深刻な顔で用を足している姿は、なかなかかわいいものである。

野生の動物におまるを使わせることのためらいはあったが、しばらくの間でも人間と暮らしている以上、どうしても譲れないことというのはある。それに、自然な欲求だから、野生に帰っておまるがなくなっても、用を足せないということはないだろうと踏んだのだ。その予想はあたったようである。だいたいはおまるでできたが、ときどきはおもらしをしてくれたし、大の方は好き勝手にどこででもやっていたからである。これが犬や猫だとかなり大変だが、ムササビのモノは何度もいうようにパラパラと固くにおいもないので、ほうきでサッと集めてしまえばすむ。始末は本当に楽である。

■――むー太の巣作り

このころのむー太は巣作りのつもりなのだろうか、さかんにいろいろなものを運んで隠すようになった。最初に狙ったのは、私の靴下であった。洗濯物をたたんでいるときにそばに来て、じーっと見ていたと思ったら、やにわに靴下をくわえて引っ張り出した。どうやら引きずらずに持ち歩きたいらしく、何度も口の中にたくしこもうとするが、大きすぎてどうにもならない。目を白黒させて、うぐぐっとのどを鳴らしてさえいる。思わず噴き出してしまうが、そんな私をジロッと横目で見ながら必死でがんばっている。何とか半分ほどを口の中へ押し込んで（半分だってすごい！）、あとの半分は体の下に引きずりながら部屋のあちこちへ持っていって、どこへ隠そうかと迷っている。なにしろズルズル引きずって歩くから、ときどき自分で踏んづけておいて、動かなくなったと怒ったりしている。以前、夫の古ネクタイを何本か持ち込んだ鏡台の下へ行くだろうと思ったが、気に入らないらしく、その前で考え込んでいる。部屋中を長い時間をかけてウロウロするが、なかなか決まらない。

そのころのむー太は、もうワラふごではなく、個室を持っていた。大型インコ用の巣箱を代用したのである。なぜその巣箱へ持ち込まないのだろうと思いながら見ていたが、やっと最後に自分の巣箱に向かう。ケージの戸は、むー太が外に出ている間はいつでも開けたまま洗濯バサミで固定してあるので、自由に出入りができるようになっているのだ。とうとう、靴下を巣箱に持ち込む決意をしたようだ。「どこにもいい場所がないから、しかたない、ここで我慢するか……」という気持ちだったのか、「そうだ、こんないい場所があったじゃないか、忘れていたよ……」という気持ちだったのかは分からない。聞いてみたいがムササビ語はあまりうまくない。巣箱に持ち込むのもだいぶ苦労していたが、ものすごい忍耐力と努力でとうとう引っ張り込んでガサガサやっていた。

また出てきたので、もう一方の靴下もやることにする。わざと放り出しておいたら、今度はすぐに飛びついて、直接巣箱に持っていった。そして、先ほどとは比べものにならないくらいの素早さで中に持ち込んだ。くわえたり引きずり込んだりする〝技術〟も学習するものなのだろう。

あとで彼が留守のときにそっとのぞいてみると、二本の靴下は、ちょっと倦怠期に入った夫婦のふとんのように二つ並べて、でもちょっとだけ間をあけて敷いてあった。何だかほほえましくて笑ってしまう。

巣箱にふとんを敷いた日から、むー太はティッシュの収集に凝りだした。箱から手や口で一枚ず

ティッシュ，どこへ隠そうかな．

つ引っ張りだし、それをくわえてどこかへ隠そうと必死で探す。でも、巣箱には持ち込まない。結局、最後はすべて押し入れの中に持っていく。これで前述の疑問がとけた。彼が巣箱に靴下を持ち込んだのは「やむを得ず」だったのだ。あのときは押し入れが閉まっていたので、しかたなかったのだろう。ということは、彼自身のすみかも押し入れの中にしたいのかもしれない。

ところでこのティッシュを使って、ある実験をしてみた。彼が隠したティッシュを取り出してわざとそこに放り出しておく。怒るか、それともうろたえて騒ぐかと期待したのだが、サービス精神のない彼はまったくの無反応！　そこで今度は彼の目の前でこれ見よがしに取り出して見せる。それでも無反応。そこで数枚たまっていたティッシュを全部取り除く。それでも怒りもせず探しもしない。なくなったこと自体に気がついていないようにも見える。ああ、むー太よお前はそこまでおバカだったのか……！　そのうえ、また次に持ち込むときにも懲りずに同じところに隠す。ここは一度なくなったから危険だなどという考えはないのだろうか。これが人間に育てられた結果なのか。それともムササビはみんなこのようにおおらかな性格？なのだろうか。野生の感覚が鈍っているのだとしたら、ちょっと問題である。

それはともかく、彼は本格的に巣作りを始めたらしい。さかんにいろいろなものを押し入れの上段の、ふとんの奥に運びこんでいる。この場所はムササビの本能を考えれば自然だと思う。つまり、ムササビは高い木の洞（うろ＝穴）に巣を作る。一度高いところに登って、そこのふとんの山を越えてその後ろ側に降りていくという道順は、木の洞に何となく感覚が似ているのであろう。ズボラな私はついついそのままにして放っておいたのだが、数日すると、とうとう靴下が足りなくなってきたので、むー太の秘密の巣穴を探したら、以下のものが出てきた。

ハンカチ　一枚
パンツ　一枚
シャツ　一枚（ただし子ども用。大人のものも運ぼうとしたが途中で断念）
三角巾　一枚
マスク　一枚

手袋　　　片方
そして靴下がなんと一八本！
もちろんティッシュは無数にある。

■――奪われたアイスクリーム

巣作りに精を出すようになってきたころは、動きも本当に活発になっていた。夜は運動のために室内に放すのだが、部屋のあちこちはかじられるし、置物は落としてこわしてしまう。植物は放っておいたらすべて彼の胃袋の中におさまってしまうだろう。だから、観葉植物も、額に入った絵も、置物もすべて片付けてしまった。そのぶん生きたムササビが走り回っているのだから、よしとしよう。むしろその方がヘタクソな絵より何倍もいい。それでもむー太を放す前には、次のような準備をした。

1．パンを所定の位置から電子レンジの中に放り込んで隠す。
2．果物は流し台の下や戸棚の中に放り込んで隠す。
3．お菓子は入れ物のふたをしっかり閉め、上に味噌樽なんぞを置き、開けられないようにする。
4．その他の食べ物が出ていないかどうかチェックする。
5．消しゴムを隠す（すぐにかじろうとした）。

6. 戸棚の戸を全部閉め、突っかい棒をする（勝手に開けてしまうので）。
7. 奥の部屋との境のドアを閉める。
8. 部屋中のクローゼットなどの戸を閉める。
9. すぐ手の届くところにおまるとティッシュを準備する。

以上のことを確認したうえで、やっとむー太を外に出すのである。それでも絶対に目は離せない。動物とは何をするか分からないものなのだ。行動はある程度予測できるものの、ときどき思いがけないことをやらかしてびっくりさせてくれる。

あるときなど、夫が食べていたアイスクリームを電光石火の早わざで奪い取った。ちょうどスプーンにすくったところをパッとひったくったのである。アイスクリームは砂糖や脂肪分が多すぎるので、野生動物によい食べ物とはいえない。クルミのように両手で持ってまさに口に運ぼうとしたその瞬間、私は思わずその両手をとって自分の口に入れてしまった。むー太は呆然としていたが怒らない。しょんぼりとしてあきらめてしまった。それでも未練たらしく手についたクリームをペロペロなめ、大変気に入ったようで、夫を追いかけまわしていた。その後、家族がアイスクリームを食べていると、うらめしそうにじーっとこちらを眺めるようになってしまった。

■――むー太は色情狂?!

もうひとつ、むー太を語るうえで絶対に欠かせないことがある。それはむー太が絶倫ムササビであるということだ。

野生のムササビは、冬と春が交尾の時期である。そして春と夏に子どもを産むのだ。つまり一二月はムササビにとって自ずと興奮する時期なのだろう。だからこそ必死で巣作りのまねごともやっていたのだろう。その事情はよく分かるのだが、あまりにも……。

実はむー太、何を勘違いしたのか、私の手の上にマウントしてくるのである。「マウント」あるいは「マウンティング」というのは、他の個体の上に乗っかることだ。サルなどではボスが自分の地位を知らしめるためにマウントすることもあるし、またオスがメスの上に乗っかって交尾の姿勢をとることもマウントと言う。むー太は明らかに私の手をメスと勘違いしたらしい。私の手首の部分を抱きかかえ、鼻の穴をふくらませつつ、必死で腰を振るのだ。そして終わったあとはフッと横を向くところが何ともいえない。「け、青二才のくせに、なーにやってんだいっ!」と冷やかしてやりたくなるものの、青年の満たされない気持ちは分かるので、特に拒みはしなかった。

しかし、これが一度や二度ではない。何度も何度も繰り返すのだ。念のために言っておくが、「一晩に」である。これが絶倫ムササビでなくて何であろうか?! もうあきれ果ててしまうのだが、本

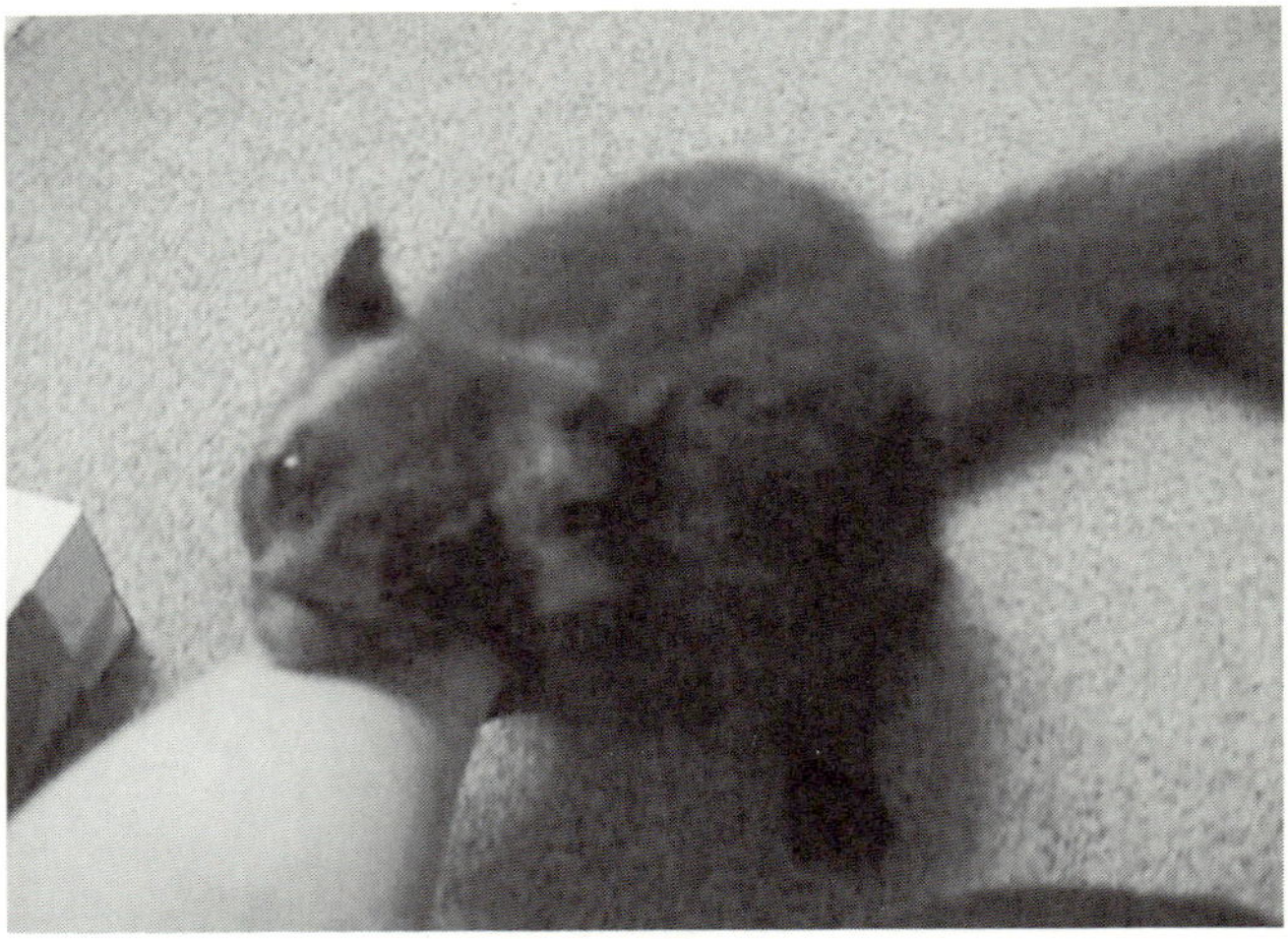

手にしがみつく絶倫むー太

人はいっこうにお構いなし、来る日も来る日もマウントを繰り返していた。もう野生のムササビは繁殖の時期が終わったぞというころになってもまだやっていた。何が彼をそんなに駆り立てたものやら……やはり私の女性としての魅力かしらん……？

よく観察していると、このマウントもおもしろい。すべてが同じわけではないのだ。もうこのまま死んだっていいもんね、というぐらい激しいときもあれば、何だかおざなりにちょこっとだけで終わらせてしまうときもある。そりゃすべてに全精力を注いでいたら、いくら絶倫のむー太でも身がもたないのだろうが、なんだかその辺がとても人間臭い。

ムササビの交尾が激しいのは、実はむー太だけではない。繁殖の時期のメスは、一晩に何頭ものオスと交尾する。最初に交尾したオスは、その精子がこぼれないように、また次に交尾するオスの精子が入り込まないようにと栓をしてしまう！　これは交尾栓と呼ばれている。ところが次に交尾するオスは、前のオスの交尾栓を抜いてしまうこともある。そんなこんなで結局強いオスの子孫が残っていくわけだ。もちろんオスはメスを取り合って死闘を繰り広げる。むー太は精力は絶倫のようだが、その激しい死闘に耐え、無事にお嫁さんを見つけることができるのだろうか……。いささか心配である。

■――先輩ムササビに会いに

とはいえ、いつまで心配していてもきりがない。もうむー太は十分に大きくなったし、自活もできるはずだ。そろそろ山へ返すことを考えなければ。そこでセンターに手伝いに行ったときに、めぐみ先生と二人で、少し前に放野されたムササビの様子を見に行ってみた。これは、昨年保護されながらセンターには持ってこられず、個人の家で飼育されていた子である。例の「下痢ピームササビ」である。それがさまざまな事情を経て結局センターに一時預けられ、少しの間、野生へ戻るリハビリをし、そしてセンターの裏山に放野されたのだ。そこからは山につながっているので、うまくいけばそのまま山の方へ行って住みつくこともできるだろう。

しかし、かなり人馴れの激しいこの子は、人間が行くと喜んで出てきて肩に飛び乗ったりしてい

むー太が食べた葉っぱ．まず葉っぱの付け根をかじって木から外し，それを二つ折りにして食べるので，食べあとがきれいな対称形になる．
途中まで食べると，たいていポイッと投げ捨ててしまう．

るそうだ。うちのむー太もそんな感じになるのだろうかと想像しながら、めぐみ先生と二人で山の中へ分け入って行く。

途中で思いがけずサルに出会った。後ろから見ると、サルのお尻は本当に鮮やかに赤い。ご立派なオスである。一匹でいるところを見ると、群れを離れたばかりのはぐれ若猿であろうか。餌付けされていない本当の野生のサルを見るのは初めてである。心なしかふてぶてしく、たくましい顔つきである。たかがサルといっても、場合によってはけっこう危険な存在だ。ケンカをしたらこっちが負けるだろう。君子危うきサルに近寄らず。係わり合いにならないに限る。しばらく待つとのっそりどいてくれたので、ムササビのもとへ急ぐ。

ムササビは巣箱ごと放野されている。しばらくは住み慣れた巣箱を拠点にするようにとの心遣いである。このムササビには小型の電波発信機が付けられていて、行動を追えるようになっていた。東京農工大学の研究のお手伝いをしているそうだ。私は発信機と聞いたとき、てっきりマイクロチップのように体に埋め込まれているものと思っていたのだが、何のことはない、ボンドで貼り付けてあるのだそうだ。それに、発信信号を捉える作業も、どうやら私の想像とはずいぶん違っているようだ。私はよく映画などで見かける警察や消防の指令本部のように、前面に巨大なスクリーン状のモニター画面があり、そこに地図が浮き出ていて、二四時間赤ランプが点滅してムササビの居場所を示していると思い込んでいたのだ。八時間以上動かないとピピッと警告音を発したりする、何とも豪華な装置を想像していたのだった。しかし、現実には人が山の中へ入っていって、電波の入る方向の見当をつけ、三カ所ほどから発信機の電波をキャッチして、だいたいの位置を探すらしい。ずいぶんイメージが違ってしまったが、考えてみればそんな豪華な設備があるわけはないか……。

ところがこの日、ムササビには会えなかった。いくら呼んでも出てこなかったのだ。熟睡しているのか、どこかへ行ってしまったのか、まさか死んでしまったとは思いたくないが、巣箱はずっと高いところにかけてあるので確認することもできない。

心を残しながら放野場所を後にするが、これでよかったのかもしれない。放野した子が心配なのは当然の感情だが、いつまでも恋しがっていてはいけない。自然に返したらもう自然のものなのだ。発信機を追うなどの研究はしてもよいが、いつも会いに行ってエサをやっていたのでは、結局野生に戻れていないことになる。動物の親の中には、子どもが成長すると牙をむいて追い出し、もう寄

すっかりたくましい顔つきになったむー太

せ付けない種もあるという。その見事な〝子離れ〟ぶりを、人間は見習うべきなのだろう。そして、そのように突き放しても自分ひとりで十分自活できるように育てることこそが、里親の使命なのだ。

■――放野の準備

四月を迎え、むー太がわが家に来てから、ちょうど半年がたった。ムササビは放野できるようになるまでけっこう時間がかかるが、それでももう十分だ。あれだけ激しかったマウントもおさまり、病気をした陰などまるで見えず、堂々とたくましいオスの若者になった。何だか顔つきが違ってきている。親バカな母としては、その堂々とした姿に見惚れてしまうぐらいである。

それでも育ちの良さ?は隠せず、たとえばリンゴなどは皮を剥いて食べる！　というよりも、皮だけをきれいに先に食べてしまうのだ。そして、全部の皮を食べてしまったあと、まだお腹がすいていれば実も食べるのだ。人に育てられたせいか、こんなヘンな習慣は身についてしまったが、まあ自然界でやっていけないような悪癖でもないだろう。放っておこう。

そして、いよいよ放野の計画が具体的になってきた。むー太も先に放野された先輩ムササビと同じように、東京農工大の研究に協力するために発信機を付けて放すことになった。ただし、センターの裏山ではなく、もっと丹沢の奥の方まで行くことになった。本当は拾われた場所の近くで放すのが理想なのだが、むー太の場合は農工大のムササビ観察ポイントの近くに放されることになったのだ。日にちは五月の連休明けと決まった。あと一カ月しか一緒にいられない。

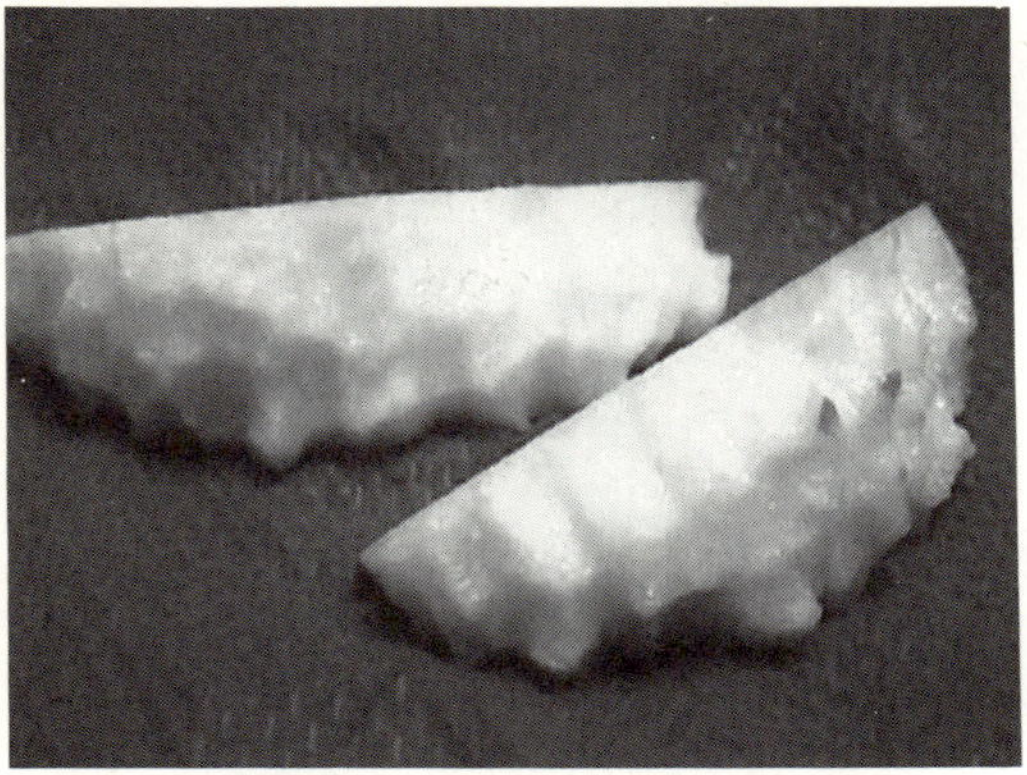

むー太がきれいにむいたリンゴ!? こうやって皮だけを先に食べてしまう. お腹がすくと後から実も食べる.

そのころのむー太は、巣箱の中に自分でスギの皮を裂いてきれいに敷き詰めていた。やはり靴下よりスギの皮のほうがずっと居心地がよいらしく、丹念に細く裂いてフカフカに敷き詰められている。そのかわり入口付近は、見る影もなくかじられてしまった。放野するときは、二つの巣箱をかけておいてやることになった。それでもう一つ巣箱を用意し、しばらく前からそれもむー太に使わせて、むー太のにおいをつけた。

放野後のむー太の観察をしてくださるのは、農工大の学生の谷さんである。その谷さんから首輪を送って

大型インコ用の巣箱を入れた当日.
最初のころは一緒に入れてやったスギの皮に目もくれず,
ティッシュやくつ下を敷いたものだが，そのうちに自然に
スギの皮を使うようになった。

ふかふかのスギの皮ふとん

入口はボロボロにかじられている.

きた。首輪といっても、ただの革ヒモにビニールテープを巻きつけた簡単な作りのものである。ビニールテープは蛍光のもので、夜の観察がしやすくなっている。また、革ひもはある程度時間がたつと自然に擦り切れて落ちるということだ。この首輪を放野の一週間ほど前からむー太につけて慣れさせるのだ。当日、あまりいろいろなことが初めてにならないように、周到に準備する。指一本

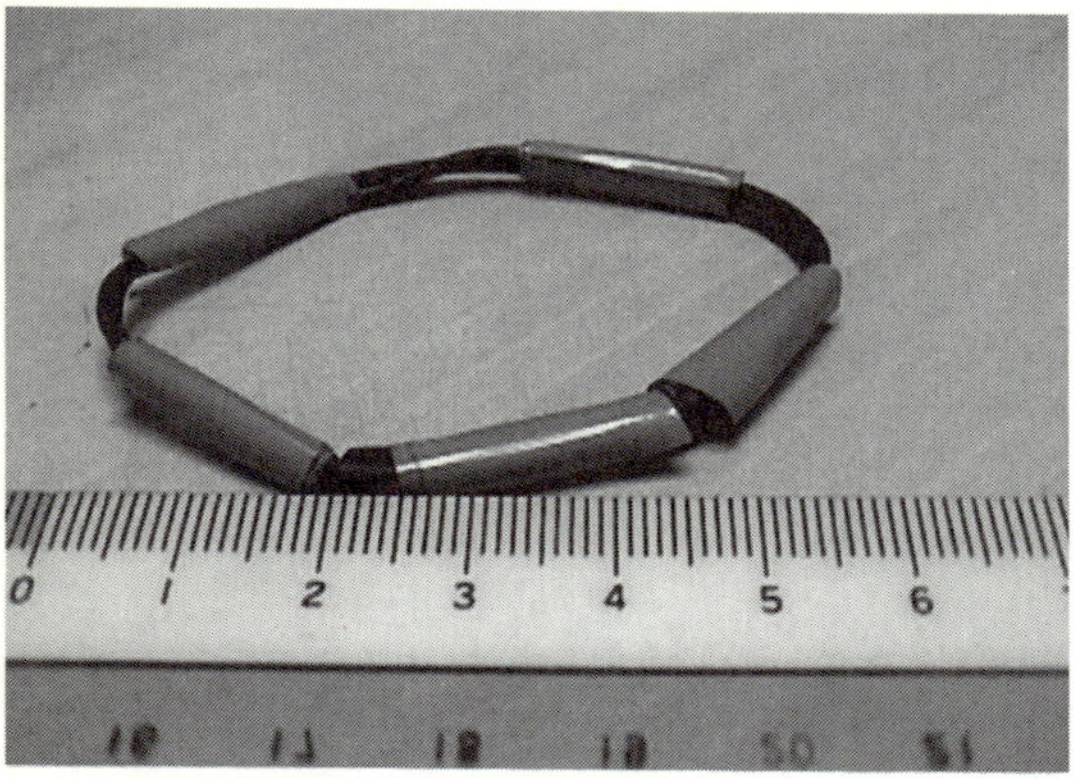

発信機に慣らすための首輪．
革ひも２本どりをビニールテープで巻いてある．

分ぐらいの隙間をあけて装着するということだったので、かなりブカブカな感じがしたが頭から抜けない程度に首輪をしてやった。パニック状態になるかと思ったが、まったく気にしていない。さすがにうちの子、肝っ玉が太い。それともただ鈍感なだけなのか？

この調子なら大丈夫と喜んだ矢先、とんでもないことが起こった。首輪をつけたままいつものように台所を散策していたむー太だったが、首輪にガスコンロの〝ごとく〟を引っ掛けてしまったのだ。むー太がガスコンロから飛び降りた際に、あの重い〝ごとく〟もはずれて、むー太もろとも、ものすごい音をたてて落っこちた。むー太は「ギャッ」と悲鳴をあげた。足の一本も折れたので

はないかと目の前が真っ暗になる。あわててかけより、首輪をはずそうとするが、むー太が大暴れするものだから、締まるばかりでなかなかはずれない。傷だらけになりながらやっとの思いではずすと、むー太を押さえつけて点検した。どうやらケガはないようだ。でも、内臓に損傷を受けているかもしれない。様子を見ようとそーっと床へ降ろすと、カエルのようにビョーンビョーンと思いきりジャンプし、壁をかけ登り、一番高い冷蔵庫のてっぺんまで行ってブルブルンと身震いした。これだけ敏捷に動けるなら大丈夫だろう。それにしてもこれでは危ない。もう一度少しきつめに締めなおした。

そうか、こういうこともあるから、やっぱり予行演習は大切なのだ。もしいきなり本番でこんなことをやったら、木の枝に首吊り状態になっていたかもしれない。それでも何となくこわくて、放野の日までつききりで見守っていた。

■——むー太の旅立ち

そしていよいよ五月一〇日。むー太旅立ちの日である。この日はめぐみ先生と谷さんと、それから職員の人が二人、計四人もわが家にやってきたので、むー太はひどくナーバスになっていた。ケージの中で体をぶつけ、人がのぞくと前足でたたくような動作を繰り返す。

私ならば大丈夫だろうと高をくくっていたのは油断であった。落ち着かせるつもりで伸ばした手を思い切り引っ掛かれ、血が噴き出した。そして、巣箱に閉じこもり出てこなくなってしまった。でも、この様子にホッとする。人間にベタ馴れになっているようでは困るのだ。このぐらいの警戒心はあったほうがよい。それにしてもケージから出すこともできない。仕方なく大好物のヒマワリの種を見せた。案の定、すぐ反応があり、そーっと出てきてヒマワリの種を受け取った。そうなればもうこちらのもの。ヒマワリでつって自由に操れる。食い意地のはったヤツだ！

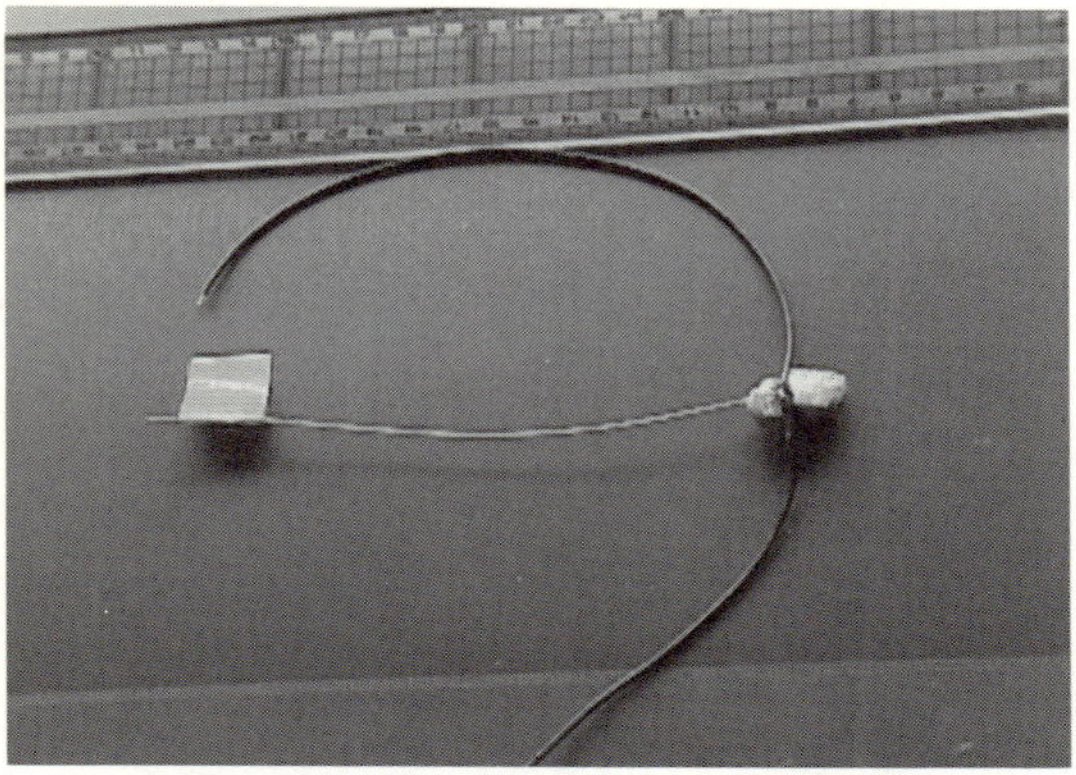

調査のための首輪．右側の消しゴムのような部分が発信機．それに目印のために赤い旗が付いている．

少し落ち着いたので、発信機をとりつけることに。あまり暴れるようだったら麻酔を使う用意もあったが、何とか押さえ込んで麻酔は使わずにすんだ。抵抗したので手は傷だらけになったが、体力を消耗する麻酔を使わずにすんだのはよかった。慣らすためにつけていた例の首輪をはずし、改めて本物の発信機と目印の赤い旗をつけた革ひもを首に巻いてとめる。ムササビの扱いによく慣れた谷さんが、手際よくちょうどよいきつさに結んでくれた。これで安心。今度はひっかかることはないだろう。取り付けたあとしばらく後ろ足で首回りをかいたりして

巣箱の取り付け作業

いたが、すぐに落ち着いた。こういうところは順応性がある。

みんなで昼食をとったあと、車で放野場所まで連れていく。約二時間半ほどの行程である。午前中の疲れが出たらしく、車の中ではぐっすり眠っていたが、山に近づくと何となく感じるのだろうか、頭をあげてキョロキョロ見回しはじめた。農工大の観察ポイントに着いてむー太を降ろすと、鼻を空に向け、さかんにヒクヒクと風を嗅いでいる。すぐそばに川があり、せせらぎの音がさわやかだ。

むー太、これが山ってところだよ。今まで住んでいた町とは空気が違うよね。おいしいでしょう。でも、これからはもうお母さんやお父さんや子どもたちのにおいはしないよ。グルルルルッて鳴いても、どうしたって聞いてくれる人はいないよ。

むー太を肩の上にのせ，巣箱のところまで導いた．

すぐにヒマワリの種をくれる人もいないよ。だけど、むー太は大丈夫だよね。病気も克服して、こんなにりっぱな青年になったんだもの。一人でやっていけるよね。でも、本当は一人じゃない。ここにはムササビのお友だちがたくさん住んでいるんだって。だからきっと夜になったら仲間の声が聞こえるよ。ヒマワリの種はすぐには見つからないかもしれないけど、むー太は好き嫌いなかったでしょう。だから自分で探してごらん。まわりにあるのはみんなおいしい葉っぱだよ。その中にはきっとヒマワリの種よりおいしい葉っぱもあるから。むー太、どうかがんばって生き延びるんだよ。

心の中でむー太に話しかけながら、私はむー太と最後の握手をかわした。ひんやりとした冷たい彼の手がそっと私の手を握り返して、「お母さん、ボク、大丈夫」と言っていた。

キョロキョロあたりを偵察するむー太

放野翌朝のむー太．ウツギの木に座っている．かなり低いところ．
たった一晩でも何となく野生っぽくなったように見える．

その間に職員の人と谷さんが、スギの木の中ほどに巣箱を取り付けてくれていた。もう薄暗くなっている。むー太を私の肩に乗せて取り付けられた巣箱に入れると、身を乗り出してキョトキョト見回すことおよそ一五分。最後にむー太は私の顔を見たが、その瞳はもう私を見てはいなかった。私を通り越してその後ろに広がる、山を、空を、風を見ていた。怖れはなく、やすらいだ瞳だった。その時に、私は彼が私から巣立ったことをはっきりと感じた。

■──放野後のむー太

むー太の行動を追ってくれている谷さんからは、時々連絡が入った。放野の翌日に撮った写真も送っていただいた。何だかたった一晩なのに「野生の子」っぽくなったように見える。最

11月3日に再捕獲されたむー太.
発信機も蛍光テープも新しいものを付け直す.

初の一週間ぐらいは、ほかのムササビとは違う時間に行動したり、ほかのムササビが使わないような低木にいたり、巣箱に入らなかったりしていたようだ。

職員の皆さんはそんなむー太をとても心配してくださったのだが、実を言うと夫と私は全く心配せず、そんな報告にもいかにもむー太らしいと笑っていた。そりゃ最初のうちは、ほかのムササビと違った行動もとるだろう。育ちが全く違うのだから、それはしかたがない。これは「親の勘」としか言いようがないのだが、むー太の性格を知り尽くしている私たちは、彼は絶対にうまくやっていけるという自信があったのだ。素直で順応性があり、しかもそんなに臆病ではない。かといって危険に対してもズボラかというと、知らないものに対してはガードを固くして、身を守ることも知っている。

「今ごろむー太どうしてるかね」

「ひょっとしたら川で魚でも捕ってるんじゃないの」

「アハハ、そうだな、あいつならやりかねないな」

そんな会話ばかりしていた。

　案の定、むー太は徐々に馴染んでいった。五月、六月、七月と活発に動き回っているようだったし、滑空もしているようだった。一一月には調査のために再捕獲され、たくましく野生に戻っていることが確認された。体も一回り大きくなっていた。最終的には一月まで確認されている。放野から八カ月たっている。そのあたりで発信機の電池がきれてしまったようだが、人に育てられたムササビでもりっぱに野生に戻れることを、むー太は証明したといえるだろう。

むー太の体の秘密を公開！

鼻　　ピンクの団子っ鼻がチャームポイント

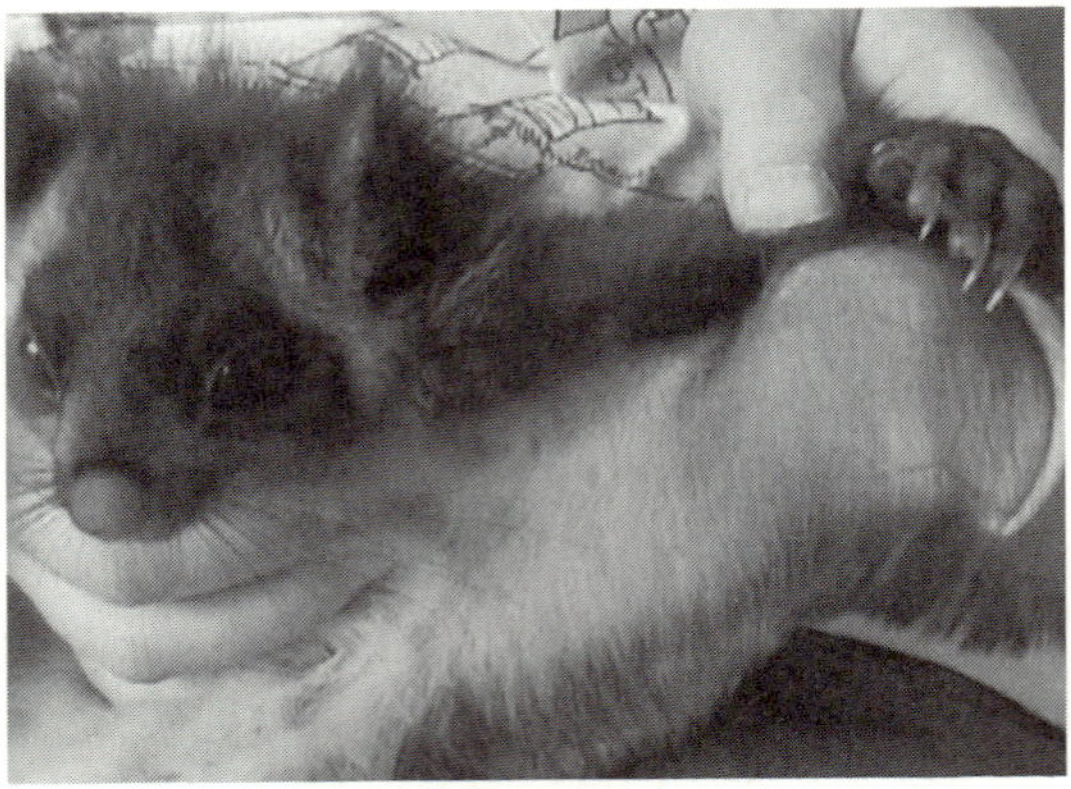

前足首のところにある軟骨
滑空するときは，これを真横に張り出す．
するときれいな四角になる．

歯

下の歯の方が長い．
げっ歯類の歯は一生伸び続けるので，どうしてもかじる必要があるのだ．

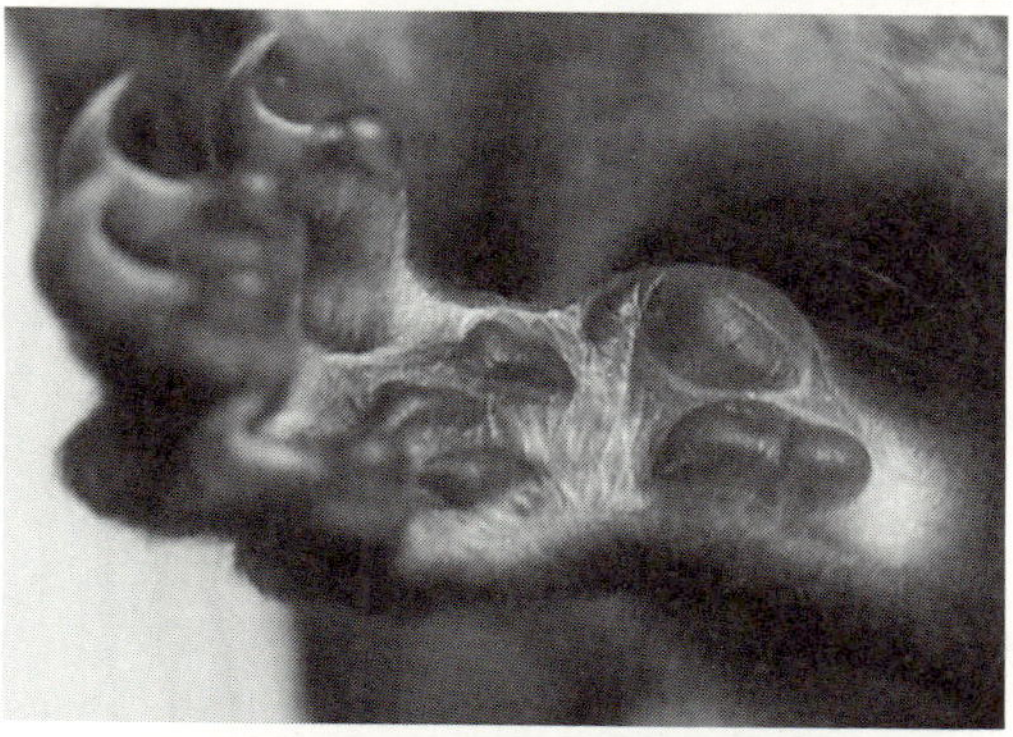

前足

4本の指．肉丘が目立つ．爪が鋭い．

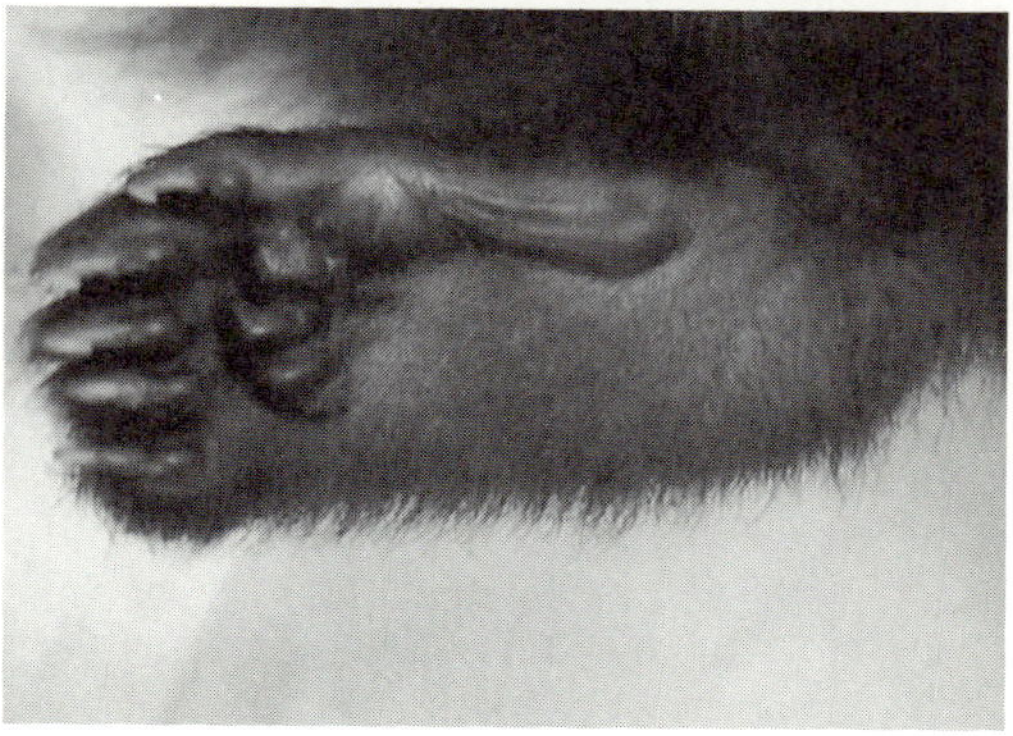

後ろ足

足の裏にも，けっこう毛が生えている．

第4章

自然と人間を結ぶ動物たち

スズメのヒナの骨折した足をばんそうこうで固定したところ．
2週間で完治した．

■――捨て鳥はいやだ！

むー太がわが家に来て間もないころのことだが、センターでボランティアの会合があったので出かけた。もちろんむー太をバスケットに入れ、ミルクの準備もして連れていった。電車の中で隣に座った男性がじろじろ見ている。とうとう我慢できなくなったとみえて、聞いてきた。

「それ、イタチでしょ。それともタヌキ？　キツネじゃないよね」

う～ん。ちょっと違うんだけどなぁ。ムササビだと言うと、初めて見たと言って、ずいぶん驚いておられた。

さて、センターにはもうヒナはいない。秋になるとすーっと潮がひくようにヒナがいなくなって、少しは楽になる。ただ、ハトのヒナだけが何羽かキュルキュルとうるさく鳴いている。隣にいたボランティアが、

「ハトったら一年中発情期なのかしら……。人間じゃあるまいに……」

とつぶやく。でも、本当にそんな印象だ。

ハトの仲間は、飲み込んだ草の種などを半分消化したものと、自分のミルクを混ぜ合わせてヒナに与える。ミルクと言っても、いくら鳩胸だからと言って、ハトにおっぱいがあるわけではない。「そのう」という器官の壁から分泌されるものを「ピジョン・ミルク」と呼んでいるのだ。このミル

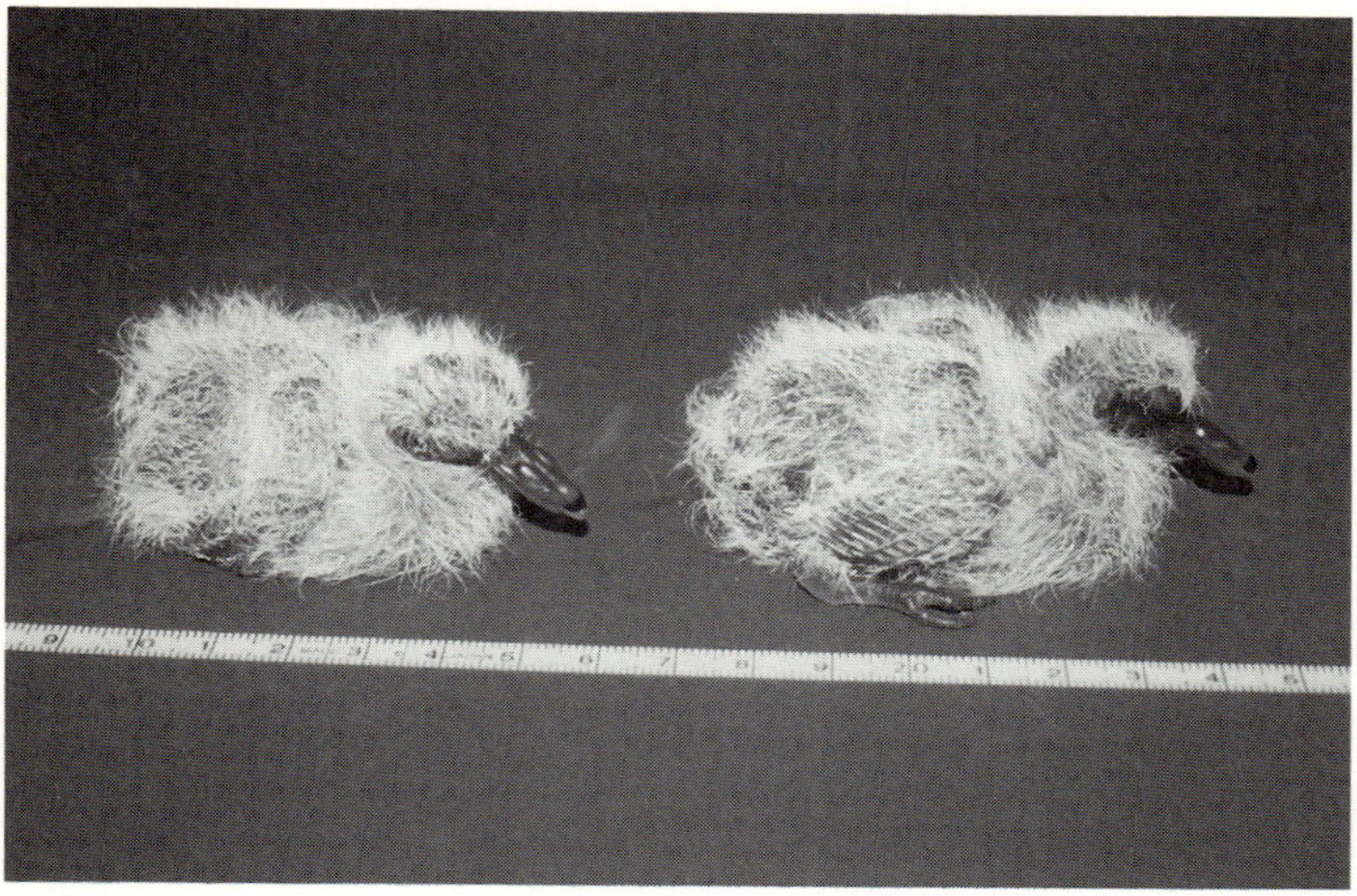

キジバトのヒナ（自）

クがあるおかげで、かなり長い繁殖期間があるわけだ。

ハトのヒナというのは甘えん坊で、相当大きくなってもエサをねだる。独立心に欠けているらしい。こう書くとハトに怒られるかもしれないが、とにかくよく鳴く、ものすごい甘ったれのヒナなのである。このころセンターにいたハトはドバトが圧倒的に多く、次にキジバトであった。シラコバトやアオバトというちょっと珍しいのもいた。ケージの外にもいつもドバトやキジバトがうろついている。ここから放野されていった〝卒業生〟たちだ。厳しい自然の中で自分でエサを探すより、ここのおこぼれにあずかったほうが楽だとばかり、ものほしげにうろついている。でもそうしながら、だんだん離れていって、やがて帰ってこなくなる。

ところが、ドバトとカラスはもう受け入れないということになってしまった。限られた予算の中で大変苦労しているのは事実である。一方で害鳥として駆除しているカラスやドバトを、もう一方で懸命に助けるということの矛盾も分かる。公的な機関で税金を使っている以上、駆除対象の鳥にまでお金はかけられないのだろう。

しかし、それでも私には割り切れない部分があることは否めない。野生動物のためにと思って始めたこのボランティアだが、しばらくすると、実は人間のためなのではないかと思いはじめた。丸裸の鳥のヒナやケガをしている傷病鳥獣を見つけたら、普通の人なら助けずにはいられないだろう。そして、〝拾ってしまった〟その鳥獣たちをどうしたらよいのか誰もが悩むと思う。自分の子どもが大切にかかえて持ってきたら、どうすればよいのか……。捨て犬や捨て猫も同じであるが、「もう一度捨てておいで」などと言えるはずがない。

実は私自身も昔、大きな鳥を拾ったことがある。ボランティアなどその存在さえ知らなかったころで、動物や鳥は好きだったものの、知識も何もなかったころのことだ（今だってたいしてありゃしないが……）。かなり大きくて、くちばしの長い茶色っぽい鳥が、側溝の中でうずくまり動けなくなっていたのだ。つつかれながらもそっと助け出し、とりあえず近所の獣医さんに駆け込んだ。そこではビタミン剤を飲ませてくれたが、何の鳥だか分からないという。しかし、おそらく生きたものを食べる鳥だろうから、動物園へでも連れていったらどうですかと言われて、高い治療費をとられ、そのまま放り出されてしまったのだ。

しかたなく動物園に電話すると、たまたまその動物園では傷病鳥獣の受け入れをするシステムがあったので、すぐに連れてきてくださいとのこと。一目見るなり「ゴイサギの幼鳥です。ここで大きくして、また放してやります」と言われたのだった。そのときの担当の人がどれだけ頼もしく見えたことか……。

このとき、もしこの動物園が受け入れてくれなかったら、このゴイサギはどうなっていただろう。ゴイサギなんぞわが家でも飼えるわけがないので、きっと途方にくれ、ひょっとしたら最後にはやむを得ず「捨てサギ」をしていたかもしれない。このときのことを思い出すと、このような鳥獣を受け入れてくれる施設の大切さが分かるのだ。親子で大事そうにかかえてきて、「よかったねぇ」などと話しているのを見ると、ああ、この施設は「命を助けたいと願う人間の心にそうためにある」のかなと思うのである。それがいくらカラスやドバトだからといって、ひきとってくれなかったら、拾ってしまった人はどうしたらいいのだろう。どうしても受け入れられないなら、せめてその家で大きくなるまで世話をして野生に返してやれるように、詳しい手引書などを作るとよいと思う。そして、いつでも相談に乗れるようなシステムがあればよい。

ボランティアとしてただ日常の世話をするだけでなく、このようなことも含めていろいろ考え、学んでいかなければならないなと思う。そして、そう思っていたのは私だけではなかった。

■――バードケーキ

このころ、ボランティアたちの中でも、もっともっと自分たちで学び、いろいろな活動につなげたいという気運が高まり、勉強会が開かれることになったので、私もその仲間に入れてもらった。

私などまだほんのわずかの経験だが、それでも野生動物と触れあうことによって、考えさせられたことは多々ある。最初は単に鳥や動物が好きで、その世話をしたいと思って始めたボランティアだが、ただ傷病鳥獣の世話をする技術を身につけるだけではいけないということが分かってきたのだ。

第一回目の講習は、バードケーキ作りであった。私は最初「バードケーキ」と聞いたとき、てっきり鳥の形をした、あるいは鳥の絵などで飾り付けをした〝人間用の〟ケーキだと思っていた。みんな鳥好きな人ばかりだから、鳥グッズなら何にでも興味を持つ。だからまあ鳥ケーキでもよいのかも知れないけれど、できれば本物の鳥についての講義のほうがいいなぁと内心不満だったのだ。しかし、話しているうちにそれは人間用のケーキではなく、鳥が食べるケーキなのだということが分かって、ホッとすると同時にあらためて自分の無知を思い知らされた。

バードケーキは野鳥のエサ台に載せると絶対に小鳥が寄ってくるという、「万能鳥寄せ秘密兵器」とでも言おうか、とにかく鳥がよく食べてくれるものらしい。材料は基本的には小麦粉と脂肪が中心。脂肪はラードやピーナツバターなどである。それに腐らないナッツ類やレーズンなどを混ぜ込む。できあがったバードケーキは、とても香ばしいよい香りがする。食いしん坊の私は、ペロッとなめてみたがイケる味だ。これに砂糖を加えれば完全に人間のケーキになる。できあがったバードケーキはお土産にみんな一カップずつもらった。半分はこっそり砂糖を混ぜて私のクッキーにしてしまおうかと思ったのだが、入れ物を見てそのヨコシマな考えはふっとんだ。なにしろあのミルウォームの入れ物だったのだから。

さて、持ち帰ったバードケーキを早速試してみたいのだが、どこへ置こうかと迷う。わが家はマンションなので、鳥を呼ぶことはかなり気を遣う。先日もハトが巣を作り始めたというので問題になったばかりなのだ。

また、カラスにエサをやっている人がいて、それも問題になっている。まあ、それは当然だろう。いくら自分が好きであっても隣近所の迷惑を考えなくてはいけない。第一、野生のカラスにエサをやること自体が不自然なことなのだ。野生の動物に勝手にエサをやると、さまざまな問題が起きてくる。そのエサを目当てに不必要に人里に降りてくるようになったり、自分でエサを捕る能力がなくなってしまったりするのだ。カラスが都会で激増したのは、エサ、つまり人間の出すゴミが豊富にあることも原因の一つだと言われている。

しかし、ここで矛盾に突き当たる。野生のものに餌付けをしてはいけないのなら、野鳥のエサ台もいけないだろう。ハクチョウやカモなどの餌付けも必要ないのではないか……ということになる。エサ台を置くことは、鳥好きにとってはたまらない魅力である。いろいろな鳥が自分の庭に来てくれたらこんなにうれしいことはないし、珍しい鳥を写真に収めるチャンスもあるだろう。しかし、やはり必要最小限にとどめるべきなのだろうと思う。冬はエサが少ない。人間が鳥の住む環境を壊しているのだから、せめてエサの少ない冬の時期ぐらいその手助けをしようという理由は、説得力がある。確かにそれでよいのだと思う。だが、「相手はあくまでも野生なのだ」ということを肝に銘じておくべきなのではないだろうか。人間の都合でものを考えるのは、人間のおごりである。

本当に彼らのためを思うなら、できるだけ人から遠ざけたほうがよい場合もあるのだ。私だって本音を言えば、庭さえあればエサ台を作って野鳥を呼びたいと思っていた。このボランティアを始める前の私ならば、機会があれば喜んで餌付けをし、鳥を庭に呼んでいただろう。しかし、最近はちょっと待てよと思うようになった。いちがいにすべて悪いとは言えないが、「野生と共存する」というのはどういうことなのか、一歩下がってよく考えてからエサを置きたいと思う。

■——野生動物との共存

野生動物との共存は本当に難しい問題だ。

特に難しいのは、農業や林業に従事する人たちとの関係であろうか。民家に出てきてゴミを荒らしたり人を襲ったりするのも深刻な被害ではあるが、植林した木の新芽を全部食い尽くされたり、せっかく丹精した畑の作物を荒らされるのは死活問題であるから、さらに根は深い。タヌキに根こそぎ野菜を食い荒らされて、そのタヌキを親のかたき以上に憎んでいる人がいれば、その隣で、まあかわいいタヌキさんと餌付けしている人もいる。悪いことにその様子がテレビで報道されたりすると、一種の美談になってしまうことさえある。少なくとも「珍しいですねぇ」という口調で報道されてしまうと、それで暗黙の了解のようになってしまって、そのタヌキを殺そうものなら、鬼か悪魔のように猛烈に抗議されてしまう。

以前の私は餌付け組であった。しかし、今の私は農家の人の怒りも分かるつもりである。

野生動物を保護する立場のものこそが先頭にたって、このように深刻な被害を受けている人のことを考えるべきであろう。どんな話し合いでもそうだが、まず相手の立場を理解しようとしなければ、こちらの主張は受け入れてはもらえない。同時に農家の人にも、野生動物との共存も含めて環境を保護することの大切さを伝えたい。とはいえ、具体的にどうしたらよいかなんて、私には難しすぎて分からない。そういうと逃げているようだが、互いの立場を理解したうえでの話し合いの中から、何か方法が見えてくるのではないかと思う。

人と野生動物が完全に住み分けてしまうのは、あまりにも寂しいし、第一無理がある。不自然な姿でもある。しかし、今のまま何の対策もとらずに共存していくことはもはや難しい。やはりある

手からエサを食べるキタキツネ．17年前の写真．

程度の人工的な調整というのは、必要になってくるのだろう。何よりも野生動物を正しく理解し、不必要な餌付けなどはしないことだ。日本人は「かわいがること＝エサをやること」だと思い込んでいるフシがある。どこかの愚かな母親は「かわいがること＝モノやカネを与えること」だと思っているが、それと同じである。動物のかわいがり方がヘタなのだ。野生の鳥でもリスでも、あるいは動物園でも、すぐにエサをやる。「エサをやらないでください」と書いてあっても、エサをやる。エサどころかとんでもないものまで投げ込まれる。おもちゃやビニールを飲み込んで死んでしまった動物さえいる。

何度も言うように、私自身も昔はそうだった。さすがに動物園ではやらなかったけれど、北海道で野生のキタキツネに会ったとき、あまりの驚きとうれしさで、車を止めてありあわせのゆで卵などを差し出してみた。すると、なんとキツネはそろそろと近寄ってくるではないか。一、二メートル先に投げてやると、そーっと近づいてきて食べる。ゆっくり時間をかけて距離を縮め、ついには私の手から食べた！

写真を撮っても逃げない。当時の私はそれがたまらなくうれしかったものだ。だが、今から思えば、やってはいけないことだったのだ。人前に出てきてわずか五分ほどで手から食べるようになるということは、このキツネは相当人馴れしていたに違いない。手から食べたことも何度もあるのだろう。当時は野生動物が人里に出てくることの意味も知らなかったし、野生動物からヒトに感染する病気があるということも知らなかった。

言い訳をするつもりではないが、こういう感覚の人は多いだろう。動物好きな人であれば、珍しい野生動物に出会えばうれしく、ついつい深い接触を試みる。こういうことは、やはり教育なのだと思う。私自身、野生動物とのつきあい方なんて、学校でも親からも教わらなかった。このボランティアを始めてから真剣に考えるようになったことなのだ。

野生動物とのつきあいは難しいが、人と動物との触れあいを大切にしたいと思うのも、また事実である。まことに都合のいい意見のようだが、生態系をこわさない範囲で野生動物たちと交流できる場と、野生のままに残しておくべき場と、その両方が必要なのだろう。先に触れたハクチョウやカモのように、昔から餌付けをして地域ぐるみでかわいがっている所もあれば、野生動物による被害に困っている地域もある。それぞれの時と場合によって対応は違ってくるはずだ。それをなんでもかんでも一まとめにして論じようとするから、問題が起きてくるのだ。それぞれの場所において、ここではどうすべきなのかを、地域の人たちが共通の認識として持っておくべきだろう。また、少なくとも、自宅にエサ台を置くときは、隣近所にひとこと声をかけるぐらいの配慮は必要だろう。

小鳥や動物は人の心に潤いを与えてくれる。外国の映像で、公園で鳥やリスがごく自然に遊んでいる姿を見ると、実にほほ笑ましい。そして、日本にはそういう機会が少ないことを残念に思うのだ。最近、学校で飼育している動物を惨殺してしまうといったむごい事件が増えているが、やはり動物との交流を経験したことのない人たちがやっているのだろうと思う。それが人の命をも軽んずることにつながってくるのだろう。だから、幼いころからの動物との交流は、ぜひとも必要なのだ。くどいようだが、そのために必要なのは教育だと思う。

と、少し小難しいことを考えてしまったが、とりあえず手元にはバードケーキがある。これはまあ、使ってみてもよいだろう。なにやら偉そうなことを考えたわりにはずいぶんいい加減なようで気がとがめるが、このあたりにいるのはスズメばかり。他に可能性があるとすれば、ヒヨドリとムクドリぐらいだ。もともと市街地で人と共に暮らしているのだし、今は冬だからエサのない時期でもある。それに、あわよくばドラちゃんも来るかもしれないぞと内心ウキウキしつつ、ベランダの桃の鉢植えのところに置いてみる。二、三日はまったく反応がなく、駄目かと思っていたが、四、五日たつと、突然スズメが来はじめた。それも十羽、二十羽の群れである。早朝からチュンチュン騒いでいる。わずか一週間でなくなったが、その間、下の家にフンを落とさないか、今にどこかから苦情が来るのではないかとヒヤヒヤしっぱなしであった。やはり、マンションにバードケーキは無理があるようだ。

■――悲惨な傷病鳥獣たち

バードケーキを置いてから三週間後、次回の勉強会の準備をするために、センターで集まりがあった。その日は大ケガをしたシカが入っていた。最初チラッと見たとき、ケガをしているようには見えなかったのだが、いきなりそのシカが前転をするように転がった。どうしたのかと思ってよく見たら、反対側の側面に悲惨なケガを負っていたのだ。大きく穴が開き、肉も削げ、そこにハエがたかってウジがわいている。生きているのが不思議なぐらいで、誰が見てももう時間の問題である。それでも立っていたいらしく、何とか立ち上がり、またすぐ力尽きて座ってしまうのだが、そのときまともに座れずに、まるで前転でもするように頭からゴロンと転がってしまうのだ。見ていられないほどむごい姿である。原因は分からないが、交通事故だろうか、それとも犬にでも噛まれたのだろうか。野犬の被害というのは、案外多いのだ。

私は以前は安楽死には反対だった。どんな状態であれ、生きているものの命を人間が勝手に縮めるなんておこがましいと思っていたのだ。しかし、こういう姿を実際に目の前にすると考えてしまう。治る可能性のあるものには全力を尽くしたいし、野生には返せなくてもそれなりに症状が安定しているならば、できるだけ生かしてやりたいが、誰が見ても絶対助からず、ただ苦しんでいるだけの個体は、その苦しみを取り除いてやってもよいのではないかと思うようになってきた。ただ、相当衰弱しているように見えても案外強いのが野生である。その判断は複数の人間により慎重になされなければならないと思う。人間の脳死判定のようにしっかりとした厳しい基準を作っておく必要があるだろう。また、もちろんこの考えを人間にあてはめようとは思わない。それはまた別の問題である。あくまでも「本当に絶対に助からない鳥獣」に限ってのことである。

ボランティアを始めたことにより、持論が変わったことはいくつかあるが、この「安楽死賛成」は、中でも最も大きなことであろうか。

前転シカのほかに、もう一匹悲惨な動物がいた。「巨大な干し柿」である。本物の干し柿そっくりの地肌に白い粉をふき、ちょっとひび割れが入っているようにも見える。その巨大干し柿がかすかに動いたと思ったら、干し柿の真中から目玉が現れて私をにらみつけた。その正体は、重症の〝カイセン症〟にかかったタヌキであった。

言われなければ、とてもタヌキとは分からないだろう。それにしても、毛のないタヌキがこんなにも小さかったとは！　私の脳みそにはキツネは細くタヌキはコロコロと丸いという情報がインプットされているのだが、違っていたのか。このタヌキのカイセンは、本当にひどい状態だった。軽

重症のカイセン症で体中の毛が抜けてしまったタヌキ（自）

いカイセンならわりと治しやすいのだが、ここまでひどいと治るかどうか。このカイセンタヌキに私がしてやれることは何もない。水がなくなっていたので、それを補給するだけで出てきた。

干し柿タヌキのケージを出て、裏へまわってみる。そこには「ウッちゃん」がいる。この「ウッちゃん」、実はウミウだかカワウだかさんざんもめて、結局カワウに落ち着いた子である。この子は羽に故障があり、もう野生に戻ることはできない。でも、この「ウッちゃん」を引き受けてくれる里親さんはいない。そりゃそうだろう。こんなものを飼うには広い小屋だって水場だっているし、ちょっと臭かったりもする。声もでかい。カモメとかゴイサギ、アオサギもそうだが、水鳥を一般家庭で預かるのは非常に困難だ。

で、こういう子たちはどうするかという問題がある。どこの動物園だって引き取ってはくれない。なぜなら、ケガをしたり病気であったりする個体を展示するのは「虐待」にあたり、禁じられているからだそうだ。こういう子たちこそが、自然と人間を結ぶメッセンジャーになれるはずなのに！　特に人為的な原因の場合は、こういう原因でこんな姿になり、ここで生活していますという説明を加えて、公園や学校などの公共施設で飼うようにすれば、そのこと自体がいい教育になるのだが。最近、ごく一部の施設で、そのような試みが行われるようになったと聞いたが、そういうことを広めていくのも、私たちの仕事かもしれない。

カワウの「ウッちゃん」．引き取り手はいない．

■――正義の味方

さて、先ほどから偉そうに教育、教育と言っているが、まずは自分がもっともっと勉強しなければ。何しろ鳥の種類だって全然見分けられない全くの初心者なのだから、先輩たちに教わることはたくさんある。しかし、頭がカタツムリになりかけている（歩みが遅く、しかも既成の殻から抜け出せない！）私には相当な苦労である。それでも好きな動物のことを勉強するのは、化学式を覚えたときのような地獄の責め苦ではない。鳥の名前だって楽しみながら覚えていけばよい。めぐみ先生や先輩ボランティアたちは、いろいろ教えてくれ、また一緒に考えてくれる。

その日はまず人間はどこまで手を出してよいのかという議論になった。

野生動物の世界はしっかり食物連鎖がなりたっており、弱肉強食が当たり前である。しかし、人間とは身勝手なもので、つい弱いものの味方をしたくなる。判官びいきである。だから、カラスがムクドリのヒナを襲っているのを見ると、正義の味方ぶってバットを振り回し、カラスのお尻をひっぱたいたりする。それで瀕死のヒナを必死で助けるわけである。

でも、本当はそれはおかしい。自然の中では自然の営みをさせるべきなのではないだろうか。カラスだって山のおうちに七つの子が待っているのだから、エサを持っていかなきゃいけないのだ。自然界の食物連鎖を不用意に断ち切るのは、いつも人間である。人間が動物を食べようとしても、誰も邪魔しないではないか。ブタを食べようとしたときにクマが襲ってきたりはしない。魚を捕っているときにクジラが助けに入ることもない。でも、人間だけはいつも「自分にとって助けたい生き物」だけを勝手に応援してしまうのだ。これは大きなおせっかいというべきだろう。

しかし、「自然」自体には、人間が手を入れていかないといけないようだ。手付かずの自然のままで、何の対策もとらず、保護もせずに放っておけるような場所は、もうないという。「原生林」と言われるところでも、それだからこそ保護が必要となるのだ。原生林も動植物も保護すべきものは積極的に保護していかないと、本当にとりかえしのつかないことになる。農薬などのない環境で適正な食物連鎖が保たれていれば、本当はトキだって絶滅しなかったはずだ。しかし、今ではそんな環境は望めない。すでにメダカはタガメやゲンゴロウのような貴重種になりかかっている。スズメだっていつかはトキのようにならないとは限らない。

トキのヒナは居心地のいい施設の中で大勢の人に守られ、カメラのフラッシュを浴びつつスターとしての道を歩む。スズメのヒナはカラスに襲われても放っておかれる……。ひどい差別ではあるが、しかたない。人間だって生まれの違いでどうしようもないこともあるさ。でも、常にパパラッチに追いかけられているような〝花形スター〟と〝一般庶民の子〟とどちらが幸せか？

■――エキゾチックアニマル

コーヒーをおかわりしながら、さらにエキゾチックアニマルに話が及ぶ。

もう二十年も昔だが、母が庭で突然

「ギャー、白モグラ！」

と叫んだ。そりゃ珍しいとばかりに飛び出してみたら、それはただのハムスターだった。当時は今ほどポピュラーな動物ではなかったが、それでも逃げ出したか捨てられたかで「ノラハムスター」となったのがいたわけである。もごもごと穴を掘って隠れようとしていたので、バケツをとっかぶせて捕まえ、私のペットにした。

それから町で「捨てハムスター」を見たという友人もいる。数匹まとめて段ボールに入れられ、ご丁寧に「かわいがってください」というメモがついていたそうだ。今、ハムスターはブームだし、何しろコイツはうっかりペアで飼おうものならネズミ算で子孫が増えてしまうのだから、捨てる人もいるのだろう。

今、エキゾチックアニマルは本当に増えてきた。私だって興味がないわけではない。いやいや、大好きなほうだから、「フェネックギツネ」とか「コツメカワウソ」とか「ワラビー」とか、飼ってみたいという欲望はある。ワラビーが座敷の中をピョンピョン跳ねている姿を想像するとうっとりしてしまう。これぞ本当の「座敷わらび」!!

だけど、飼えるものと飼えないものとがある。きちんとした設備と知識がなければ、当然飼いきれるものではないし、中途半端な飼われ方をするのは、ワラビーにとっても不幸だ。正直言ってムササビだって思ったよりずっと大変だった。それでもまだムササビは草食だし、フンはパラパラと始末しやすいし、性格はおとなしいし、何より日本にもともといる動物なので気候に順応できるから飼いやすかった。しかし、エキゾチックアニマルは、そんな飼いやすい動物ばかりではない。そ

センターに持ち込まれたアライグマの幼獣．この子たちの運命は……

れでもどんどん売られていき、そして捨てられ、逃げられ、アライグマのように大変な環境破壊を引き起こしている。

アライグマはアニメ「ラスカル」のイメージが強く、一時大変人気が出た。抜け目のないペットショップは、このときとばかりにどんどん輸入して、「飼いやすくおとなしい動物ですよ」などと揉み手をしつつ、片っ端から売りつけてしまった。また、買うほうも買うほうで、よく調べもせずイメージだけで買っていった。

つい先日もある雑誌の投稿欄に「うちの坊やに命の大切さを教えるためにアライグマを飼いたいが……」などという投書が載っていて、あきれてしまった。野生動物が犬のように従順になつくと思ったら大間違いなのである。なぜ「命の大切さ」を教えるのにアライグマでなければならないのか疑問なところだが、「自分の命を守るすべ」を学ぶにはちょうどいいかもしれない。なにしろアライグマはとても気の荒い動物で、手に負えなくなることが多いのだ。センターに持ち込まれたアライグマだって、オリの中にいても「ギャウウッ」と牙をむいて威嚇されると「ヒーーッ、ごめんなさい。お許しください」と卑屈に謝ってしまいたくなるくらい恐ろしい。こんな動物であることも知らず、簡単に買い、そして簡単に捨ててしまう。

そして今、不幸な「ノラアライグマ」が増えて問題になっている。彼らは農作物を荒らし、もとからいた野生動物を追い払い、日本の生態系を大きく変えてしまったりするのだ。悪くすれば在来種の絶滅につながらないとも限らない。ブラックバスやミドリガメと同じである。

これを防ぐには、アライグマを見つけ次第駆除するしかない。そう、殺すのである。アライグマには何の罪もなくてもだ！　これはつらい現実である。ひきとって育てたり、原産地の北米に送り返す運動をしている団体もある。しかし、それとて限度がある。数頭ならばそれでもよいが、もう相当の数になっているだろう。それを捕獲して全部を海外へ送り返すことなど、現実には不可能だ。また、出身地のはっきりしないものや、ペットとして繁殖させたものもあるので、すべてを野生に帰すことはできないのである。

しかし、ただ見つけ次第殺してしまえと対症療法にやっきになるだけでは、何の解決にもならないと私は思う。もっと根本的な対策をとるべきなのだ。エキゾチックアニマルを飼うなとは言わないが、それらを飼うときには厳しい基準や義務を設けるべきだろう。届け出を義務化し、一年ごとに更新するぐらいの規則が必要だ。購入したときだけでなく、死亡したときも逃げられたときも届け出を必要とさせる。もちろん個人同士の売買ややりとりでも同じ条件とする。扱える業者も資格基準をクリアした指定業者だけにする。そのぐらいの厳しい規制をしなければ、日本古来の野生を守ることはできないだろう。

■――縁があれば

このボランティアを一年間やってきて、本当にいろいろな動物との出会いがあり、いろいろなことを学んだ。しかし、今でも答えの出ていない疑問も多い。一番最後まで悩んでいたのは、「落ちている鳥も、ケガをした動物も、ほかの動物たちのエサになり、それが自然の掟というものなのだから、人間が手を出すべきではない、だから救護は必要ない」という意見だった。ドラやむー太を育てながら、何カ月も考え続けた。それは改めて傷病鳥獣救護の意義を探る作業でもあった。

そして、最近ようやく自分なりに答えが見えてきたような気がする。まず、人間が原因のものについては、人間がその責任を負って救護することには何の問題もないだろう。では、原因が分からず、ただヒナや幼獣が落ちていた、あるいは弱っていたという理由で連れてきてしまうのはどうだろう。もちろん誤認保護（誘拐）とか、巣に戻せるものは、すぐに戻せばよい。私が拾ってしまったゴイサギのように、原因も分からず、戻すこともできないという傷病鳥獣が問題なのだ。この場合、放っておけば確かに何かのエサになるだろう。決して無駄にはならない。では逆に、その子を助けたらほかの動物のエサが足りなくなるのだろうか。おそらくそんなこともないだろう。巣から落ちたり弱ったりする動物はたくさんいて、人間に見つけられるのは、そのうちのごくごく一部なのだ。その子を助けることが自然を壊すことにはならないと思う。

たまたま人間に見つかった傷病鳥獣は、人間と縁があったということなのだ。そういう運命に生まれた子は、人間の世界にやってきて、そして自然のことを伝えるメッセンジャーとして活躍してもらってもよいのではないだろうか。彼らが与えてくれるものは、育てる技術であり、さまざまなデータであり、そして何より命を育て、山へ返す喜びである。特に子どもたちには、このような経験をたくさんしてほしい。大きな自然を守るために、小さな彼らの果たしてくれる役割は、とても大きいのだ。それを思うと、やはり傷病鳥獣の救護は必要だと思えるのである。また、何年も続けていれば考えも変わってくるのかもしれないが、今のところ私は、彼らからそんなことを学びたいと思って、今日も厚木まで出かけていくのである。

あとがき

一九九八年、私は家族とともに二つの新しいことを始めました。

最初の一つは、ここに書いた傷病鳥獣のためのボランティアです。ただ、鳥や動物が大好きだというだけで、それに正直に言えば、珍しい鳥や動物を世話したり、家で飼ったりできるという下心もちょっぴりあって応募したのでした。取り寄せた資料には、まるで見透かしているように、そういう生半可な気持ちでは応募しないこととしっかり書いてありましたが！

しかし、獣医でもなく、自然保護団体の活動家でもない、ただの動物好きの人間にとっては、最初のきっかけは、〝興味〟や〝好奇心〟、そして〝好き〟という気持ちだけという人がほとんどでしょう。私はずうずうしくも、資料の注意書きは無視して、ひたすら〝やりたい〟という一心だけで深く考えもせず始めてしまったのです。

どんな仕事でもそうですが、表には見えない苦労があるものです。大好きな動物たちの世話だって例外ではありません。実際に研修を受けてみると、初めてその苦労が分かり、資料に書いてあった注意書きの意味をあらためて実感したものです。

それでも私はボランティアになって本当によかったと常に思っています。センターでの経験は、一つ一つが新鮮で、楽しくてたまりませんでした。特に最初の一年は、見るもの聞くもの、すべてが珍しく、また、考えさせられることも多く、それらを書き留めておかずにいられませんでした。ボランティアに行った日には、帰りのバスや電車の中で夢中になって鉛筆を走らせたものです。


もう一つ、この年に始めたこと——それはわが家のホームページを作ったことです。最初は家族のことや、つたないエッセイ、趣味でやっていた和紙ちぎり絵の紹介などをしていたのですが、その中にこのボランティアの経験も「奮戦日記」という形で、ドラやむー太の飼育記録とともに載せておきました。すると、時々見知らぬ方からメールをいただくようになりました。大部分は鳥のヒナを拾ってしまったがどうしたらよいかという相談でした。

それを読むたびに、ああ、やはりヒナを拾ってしまったものの、どうしたらよいか分からず困っている人は多いのだなと実感しました。そして、そのすべての人たちが、何とかこの命を生かしてやりたい、できれば野生に返してやりたいと一生懸命になっておられました。中には動物は苦手だとおっしゃる方もありましたが、そんな方でさえ目の前の小さな命は何とか助けたいと必死になっておられたのです。めぐみ先生や先輩たちに助けてもらいながら、乏しい知識をふりしぼってお答えしつつ、野生動物について知っていただく機会がもっとあればと切実に願ったものでした。

明らかに巣立ちの練習中で、拾ってはいけないヒナである場合も多く、そんな時はできるだけもとの場所に戻していただくようにお願いしました。今年には、四日ほどたっていたのに無事に親に返せたムクドリの例もありました。そんな時、乏しい知識ではあっても、少しは役に立つこともあるのだなとうれしくなったものです。そして、できればこのような経験をもっと多くの方に知っていただきたいし、自分でももっと深く学びたいと思うようになりました。

そういうわけで、里親として傷病鳥獣を育てるかたわら、今年から仲間とともにmimizu・clubというグループを作り、ボランティアとしての活動を少しずつ広げはじめました。子どもたちや、あまり詳しくない人たちに、野生動物との共存について考えてもらおうというのが狙いです。でも、もちろん「教える」などというおこがましいものではありません。自分たちが勉強しながら、共に考えていこうということです。

そんな活動を始めたばかりのころ、地人書館の編集者の方からメールをいただきました。『ボランティア奮戦日記』を本にしてみないかとのこと、思いがけないお話で心配ではありましたが、シロウトの私がシロウトなりに考えたこと、学んだことをそのまま知っていただけば、私と同じような動物好きの方にとって、何かの参考になるのではないか、グループの活動の一環にもなるのではと思い、思いきって本という形にまとめてみることにいたしました。

専門家の方から見れば、いろいろ引っ掛かる部分もあるかと思いますが、何しろ初心者の書いたことですので、大目に見ていただければ幸いです。同時に、何かお気づきの点はぜひご教示いただければと思います。

今年で私もボランティア三年目になり、ムササビもその後さらに五頭を育て、また鳥もスズメ、ツバメ、ホトトギスなど全部で一〇羽を預かりました。残念ながらうまく育てられず死んでしまったものもありますが、どの里子も深く心に残っております。この原稿を書いている今も、頭の上を「首の据わらないツバメ」が必死に飛行練習をしております。傷病鳥獣たちとの出会いは、今後まだまだ続くことでしょう。

最後になりましたが、この本を出すにあたり、いろいろご助言くださいました、自然保護センターのめぐみ先生はじめ職員の皆様、ボランティア仲間の皆様に心からお礼を申し上げます。それからドラ、むー太をはじめ、私が出会ったすべての野生動物たちにも感謝します。また、この本を出版する機会を与えてくださり、本など書いたことのない私に根気よくご指導くださった、地人書館の内田さんにも深く感謝いたします。そして、快く応援してくれた家族のみんな、ありがとう！

二〇〇〇年九月

ムササビの里親ひきうけます
野生動物・傷病鳥獣の保護ボランティア

2000年11月11日　初版第１刷

著　者　藤丸京子
発行者　上條　宰
発行所　株式会社 **地人書館**
〒162-0835　東京都新宿区中町15
電話　03-3235-4422
FAX　03-3235-8984
郵便振替　00160-6-1532
URL　http://www.chijinshokan.co.jp
E-mail　KYY02177@nifty.ne.jp

印刷所　平河工業社
製本所　イマヰ製本

ISBN4-8052-0670-5 C0045